9명의 귀농·귀촌 생존기

농사짓는
국제변호사

이수영 지음

"Once you grow crops somewhere, you've got officially colonized.
I colonized Mars(어느 곳에서든 작물을 재배할 수 있는 자, 그곳을
정복했다고 할 수 있다. 나는 화성을 정복한 것이다)."

- 2015년 개봉 영화, 「마션(The Martian)」 중에서 -

들어가는 말

       🖎 4, 5년 전부터 귀농과 귀촌에 염두에 두는 사람들이 부쩍 늘고 있다. 또한 세대나 계층 그리고 직업, 경험과 관계없이 귀농·귀촌은 물론 향농·향촌에 대해서도 관심을 갖고 실제로 결행하는 경우도 적잖다.

국가적으로는 인구 분산으로 국가 균형 발전을 도모해야 한다는 취지로, 축소 또는 소멸 지역을 우려하는 지자체에서는 절박한 인구 유입책으로, 베이비붐 세대는 은퇴러시가 시작되면서, 중년층은 산업구조 변화와 저성장에 따른 노후와 고용 불안정으로, 4차 산업 부문에 비교적 익숙한 청년들은 농산업의 영역이 스마트팜 등으로 확장되니 농업을 새로운 일자리로 인식하면서 귀농, 귀촌의 추세는 전 국가적으로, 전 세대에 걸쳐 일어나고 있다.

무엇보다도 삭막한 도회지 삶에 지친 많은 사람들이 일터 또는 쉼터로 선택하는 곳이 농촌이다. 그러나 젊지 않은 나이에 무일푼이거나 삶의 질곡과 풍파로 에너지를 소진한 상태로 새로운 세계로 뛰어든다는 것은 또 하나의 지난한 여정일 수 있다. 막상 귀농, 귀촌이라는 기대를 안고 농촌에 진입하여 꿈과 계획에 근접하기도 전에 평생 모은 돈 잃고, 가족 간에는 상처와 갈등이 생기고, 심지어는 건강까지 피폐해져 떠나는 경우가 드문 일이 아니기 때문이다. 그만큼 도시 생활에 익숙한 이들이 농촌에 입성하기가 녹록지 않다는 의미이다.

그리고 귀농을 계획하는 이들 중에는 성공보다는 실패한 사람이 많을 거라고 여기며 확신을 갖지 못하는 경우를 흔히 볼 수 있다. 성공한 사람은 어떻게든 드러나니까 알 수 있으나 농촌에서의 삶에 실망하였거나 귀농에 실패한 사람은 대부분 조용히 떠나기에 통계 상으로도 파악하기가 쉽지 않다. 그런데 그런 사람들은 자신의 경험을 토대로 한탄하는 심정과 함께 부정적인 견해를 전파할 가능성이 크다. 귀농 성공담보다는 귀농 괴담이 흉흉한 소문으로 나도는 것도 무리는 아니다.

또한 귀농 초기 낯선 세계와 환경에 들어서며 통과의례 같은 난관에 봉착할 수도 있다. 가령 꼼꼼히 따지거나 디테일에 익숙한 사람이 농촌에 가면 자칫 잘난 척하고 나댄다는 구설수에 오를 수 있고, 유익하고 디테일한 정보를 공유하면 혹시 친절한 사기꾼은 아닐까 하는 의혹의 눈길을 보내기도 한다. 그러므로 굴러온 돌(이주민)이 박힌 돌(토착세력)과 어떻게 하면 사이좋게 지내며 살 수 있느냐가 귀농 성공의 중요한 관건이 될 수 있다.

이렇게 농촌으로 들어가는 데에는 예상되는 어려움이 도사리고 있으므로 적잖은 귀농 계획자들은 귀농 실행을 놓고 불안감과 두려움을 떼쳐내지 못하고 결정을 머뭇거리게 된다. 구체적으로 이질적인 농촌문화, 지역민들과의 갈등, 생업 보장을 위한 안정적인 생산 기반 조성, 자본력 그리고 지속적인 판로 확보 문제 등 진입 단계부터에서 고민거리가 많을 것이다.

이러한 문제들을 간과할 수 없기에 실패 확률이 적은 귀농, 귀촌을 위해서는 거쳐야 할 과정과 넘어야 할 장벽을 순조롭게 통과해야 한다. 이에 필자는 예비 귀농인들에게 낯선 환경과 출발에 대한 두려움과 위험부담을 줄여주는 데 작은 보탬이 되고자 방법을 모색하였다. 그 결과 20여 년 몸담았던 직업 속에서 접하였거나, 최근 농업안전재해 분야 컨설팅을 하면서 발굴하게 된 귀농, 귀촌 정착 사례를 미니 전기문 형식의 이야기로 엮어 『농사짓는 국제변호사, 9명의 귀농·귀촌 생존기』를 발간하게 되었다.

　이 책에 제시한 9개의 이야기는 다양한 직업과 여러 사정을 안고 있던 사람들이 우여곡절과 시행착오 끝에 농촌에 안착한 사례들이다. 처음에는 농사를 염두에 두지 않았는데, 즉 의도치 않았는데 어찌어찌 하다 보니 작물을 키우게 된 사람도 있다. 대박이니, 성공이니 그런 얘기보다는 농촌을 스쳐 가는 곳이 아닌 오래 머물며 애정을 듬뿍 쏟을 만한 곳으로 인식한 사람들의 자전적인 이야기이다. 이들은 자연을 품고 심신의 건강을 회복하며, 지속 가능한 삶을 영위하고 있다. 그 안에서 긍정 에너지를 창출하고 주변에 선한 영향력을 발휘하며 폼나는 일상을 만들어가고 있다.

　이 생존기에는 귀농, 귀촌의 팁과 각자의 생존 비법이 녹아있다. 이 책의 내용만으로는 수많은 귀농, 귀촌 상황의 여러 갈래 범주를 전부 포괄하지는 못하겠지만, 수학 공부할 때 예제를 푼 다음 유사 문제에 도전하듯, 독자들 자신이 처한 상황에 적용해 볼 수 있을 것이다. 설령 비슷한 상황 또는 역할모델을 만나지 못할지라도 자신에게 직면한 난관이나 미래의 불안감을 뚫고 나갈 용기와 에너지는 얻을 수 있을 것이다.

귀농, 귀촌을 모티브로 한 이야기를 발굴, 취재, 기획, 집필하는 과정에서 이분들의 경험치는 생존에 소중한 밀알이 되고 있었음을 발견했다. 즉 귀농 전의 경험이나 경력이 귀농 과정과 정착 후에 어떤 형태로든 긍정적인 영향을 미친다는 것이다. 과거의 직업, 재능, 관심사, 특별한 지식이나 기술 등이 귀농, 귀촌을 실행하고 안정권에 접어들기까지 상당 부분 도움이 되고 있었다.

이들 중 일부는 정착하기까지 불가피한 사정으로 번민의 시간을 보냈거나 갑작스러운 위기나 시련으로 당황하고, 허우적대며 신음해야 했다. 그럴 때 대단한 성공 매뉴얼보다 결국은 자신의 강점과 가치관 그리고 철학이 버팀목이 되었음을 가늠할 수 있었다.

또한 자기만의 인생 목표나 세계관이 드문드문 녹아있는 이 9개의 이야기 속에서 성공적인 귀농에는 공식이 따로 정해진 게 아니고, 각자의 개성이나 경력을 바탕으로 상황과 현안을 대처하는 방법에 따라 결과가 달라진다는 것을 엿볼 수 있다. 인생을 헤쳐 나가면서 누구나 자신만의 노하우나 비장의 무기를 감춰두고 있기 마련이고, 그것은 필연적으로 생존을 위해 꺼내 쓰게 되므로.

단순히 귀농 사례나 정보 제공만을 목적으로 하지 않은 이 책, 『농사짓는 국제변호사』에서는 이야기 주인공들의 삶의 궤적을 엿볼 수 있다. 더불어 이분들이 필연적으로 관통했거나 감내할 수밖에 없는 상황과 이슈도 짚어볼 수 있다. 세대별 문제, 사회 흐름이나 여러 현상, 갑작스러운 위기를 천착(穿鑿)하는 가운데 답을 찾을 수 있기 때문이다.

귀농을 고려하고 있는 사람에게 이 책은 자기점검의 도구로도 나쁘지 않을 것 같다. 자신과 비슷한 처지의 남 얘기는 거울이 되기 때문이다. 역지사지의 심정으로 차근차근 읽어가면서 나는 왜 농촌으로 가려고 하는지, 과연 농촌 생활에 적응할 수 있는지, 초기 정착 자금은 충분한지, 맨땅에 헤딩은 가능한지, 내 재능이나 경험을 농업, 농촌에 쏟아붓고 활용할 수 있는지, 시골에 가면 도시의 역동성이나 편리함에 대한 그리움은 견딜 수 있는지 등을 스스로 검토하게 될 것이므로.

또한 당장의 귀농, 귀촌까지는 아니더라도 자신의 현실이 중요한 기로에 서있거나 절박한 상황일 때 이 생존기는 해법이나 돌파구를 찾는 데 작은 힌트가 될 수도 있을 것이다. 도달하고 싶은 목표와 꿈이 있고, 그것을 이루는 과정의 열정과 설렘이 남아있다면.

만만치 않은 길을 걸어온 아홉 사람의 집념과 생존력을 바탕으로 황무지에서도 진귀한 작물을 수확하고, 사막에 가도 샘물을 길어올 수 있다는 것을 확신하게 될 것이다.

2015년 개봉 영화, 「마션(The Martian)」에서 보듯 화성에 좌초된 우주비행사(식물학자이기도 함)가 생존을 위해 화성토양에 인분으로 비료를 주고, 화학반응을 유도하여 물을 생성하고 급기야 감자를 재배한 것처럼.

전쟁 중에도 돈을 버는 사람이 있고, 코로나 19 팬데믹 상황에서도 호황을 누리는 업종이 있듯이 대부분 어렵고 힘들다고 하는 곳에 의외로 틈새의 기회가 도사리고 있는 법이다. 다만 발견하는 안목과 영감 그리고 용기가 있다면 말이다.

차 례

5. 농사짓는 국제변호사

6. 86세대의 필살기

7. 행복을 키워내는 농장

8. 디지털로 아날로그를 살리다

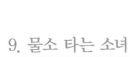

9. 물소 타는 소녀

1.
디테일로
승부한다

대상자: 최정열

귀농 시기: 2016년

전직: 컴퓨터 프로그래머

귀농 동기: 가업 승계, 목가적인 생활

생산품: 오이(백다다기)

농장명: 푸른믿음오이농장

이
야
기

순
서

정보통신 전문가

　　나는 대학에서 정보통신학을 전공하고 프로그래머로 활동하던 IT 전문가이다. 20대 중반에 서울 소재 IT 기업에 취직하여 13년간 월급생활자로 살았다. 이쪽 분야가 이동이 잦다고는 하나 다양한 업종에 수요가 있고, 비교적 안정적인 일자리이다. 40대 초반까지는 살아가는 데 필요한 모든 게 집중된 대도시의 편리함을 만끽하며 큰 불만 없이 생활하였다.

　　그러나 점차 자녀들은 자라나면서 교육비 등으로 지출은 늘어나는데 과연 대도시에서 현재의 재정 능력으로 계속 감당할 수 있을까? 또 갑자기 조기 은퇴하게 되면 연금으로 노후에 최소생활비는 보장된다는 공무원도 아닌데 어쩌나. 정신없이 가족들과 먹고사는 데 급급하여 충분한 자산을 확보해 놓지 못했는데 앞으로 사는 게 점점 막막해지지 않을까? 이런저런 불안감이 스멀스멀 파고들었다.

　　미래의 불확실성이란 문제에 골몰하다 보니 연관된 자료들이 눈에 띄었다. OECD 국가 중 GDP 순위는 10위권인 대한민국에 40.4%의 노인들이 노후 준비가 안 되어 회원국 중 빈곤율 1위라는 인터넷 기사[1]가 예사롭지 않게 다가왔다. 그들은 대부분 산업화 시대에 앞만 보고 달려오면서 나라를 부강하도록 일익을 담당했던 역군들이다. 또한 대부분 무일푼에서 시작하였고, 벌어서 자녀 학비, 결혼 비용 등으로 자금을 충당하면서 정작 본인들의 미래를 대비하지 못한 서글픈 부류들이다. 한국전쟁 이후의 세대인 만큼 대대로 가난과 못 배운 설움을 온몸으로 체득한 사람이 다수였던 그 시대에는 자녀들만큼은 덜 고생하고 탄탄한 미래를 살아주길 바라는 부모로서의 자연스러운 처사였는지도 모른다.

그런데 나의 세대라고 더 희망적이라고 볼 수 없다. 경기 불황과 저성장 시대에는 사회에서 중추적인 역할을 맡고 있고, 급여가 높은 편인 사오정(4050) 세대가 비자발적으로 직장을 떠나게 되는 현상을 직면할 수 있다. 내게도 위기는 언제 습격할지 모른다.

노후와 미래에 대해 여러 대안을 놓고 골몰하던 중 주말이면 고향에 내려와 아버지의 농작업을 거들면서 문득 '수익성이 좋은 오이 농사가 도시에서의 월급 생활보다 낫지 않을까?' 하는 생각을 하게 되었다.

많은 직장인이 2막 인생으로 꿈꾸는 건 안빈낙도(安貧樂道)를 누릴 수 있는 시골 또는 농촌에서의 여유롭고 안정된 삶이다. 그렇다면 아버지가 고향에 오랜 농사 기반을 갖고 있으니 농사 기술과 경영 노하우를 어깨너머로 한번 배워볼까? 이렇게 여러 궁리를 하면서 꼼꼼히 오이 농사 SWOT 분석을 해보았다.

---

1) 2024. 11. 18일 자 『조선비즈』 외

SWOT 분석

오이 재배 SWOT 분석

S(강점)

① 오이 주산지로서의 명성, 공주지역의 서늘한 기후가 오이 재배에 적합하다.
   ▶ 고품질 오이 생산에 유리하다.

② 부친이 수십 년 동안 일궈놓은 자본(시설과 기술력, 인맥, 평판 등)이 있다.

W(약점)

① 수분이 많은 오이는 저장성이 떨어진다.
   ▶ 농협을 통한 계통출하, 연고 판매 등으로 재고가 쌓일 틈이 없다.

② 가족들이 농촌으로 가는 것을 싫어할 수 있다.
   ▶ 대안으로 농장과 멀지 않은 인근 신도시에서 거주하면 된다.

O(기회)

① 세종시 출범 이후 고품질 오이에 대한 소비가 늘어날 수 있다.
   ▶ 세종시 직거래 장터, 싱싱장터에 판로를 확보, 우성 오이를 지역 브랜드로 홍보

T(위기)

① 전기 요금과 난방용 기름값이 올랐다.
   ▶ 오히려 가격이 높은 겨울 오이에 생산을 집중, 수익이 유지비보다 높아 손익분기점을 초과, 과감한 역발상과 틈새 전략으로 돌파한다.

 이렇게 세부적으로 분석하고 살피고 나니 확실한 청사진이 그려지고, 조금씩 자신감도 자라났다.

공주시에서 생산된 오이는 아삭한 식감과 고소함 덕분에 가락동 시장에서 오랜 명성을 누리고 있고, 아직도 도매가격의 우위를 점하고 있다.

계절별 가격 등락폭은 박스(18kg)당 가격이 6배까지 오르내리는 정도로 매우 큰 편이다. 그러나 가격이 낮을 때도 전량 시장 출하하여 가격 불안정성에 대해 크게 염려되지는 않는다. 최근 농산물 가격이 천정부지로 높아지면서 가성비를 추구하는 소비자는 B급을 구매하므로 겉모양이 좀 빠지는 오이라도 경락가가 오르다 보니 바로바로 소진되고 재고로 고민할 일이 거의 없다.

그리고 아버지의 오이 재배 관련 기술적 노하우, 시설 하우스나 토지 등의 자본력, 그리고 고향이라 주변 인맥을 활용할 수 있고, 오이는 수확과 동시에 출하가 가능하므로 별도의 저장 시설이 없어도 된다.

무엇보다도 오이 농사의 가장 큰 매력은 농업은 정년이 없으므로 은퇴 후를 걱정하지 않아도 된다는 점이다. 내겐 오이 농사가 40대 전후의 직장인들이 꿈꾼다는 개인 사업인 셈이다.

이러한 마스터플랜이 그려지면서 귀농하기 3년 전부터 고향에 내려오면 칠순에 들어선 부친의 일을 덜어드린다는 명목으로 부친으로부터 오이 재배 기술을 익히고, 유통 과정도 어깨너머로 알게 되면서 귀농 사전 학습을 해왔다. 귀농은 이렇게 뜻하지 않게 효자의 포지션도 만들어 주는 것 같다.

꿈의 도시에 입성

　　문제는 아내였다. 가장이 귀농을 결심하였다 해도 막상 실행에 옮기기 어려운 이유는 초·중·고등학교 다니는 자식이 교육 환경이 바뀌면 불안정해지거나 방황할 수 있다. 대도시의 편리함에 익숙한 배우자도 문화생활이 편리하지 않은 시골 환경인지라 평소의 라이프 스타일이나 가치관이 도시인과는 다른 농촌 토박이들과의 정서적 간극으로 인한 갈등을 겪을 수 있으므로 농촌에는 절대로 못 간다고 하면 꿈꿔 오던 귀농도 허탈하게 접어야 하기 때문이다.

　　고향으로 귀농하겠다는 결심이 섰으니 다음 관문은 비장한 각오로 가족을 설득하는 것이었다. 우선 아내에게 대도시보다 인구 규모는 작지만 쾌적한 세종시에 정착하자고 권유했다. 그곳은 교육 특화 도시이므로 아이들이 싫어할 이유가 없고, 신생 도시인 세종시는 백화점, KTX역 등 시간이 지나야 해결되는 인프라를 빼고는 지근거리에 도서관이 많고 아이들이 안전한 도시라는 이미지가 형성되어 있어 아내의 저항감은 크지 않을 것 같았다.

　　여기에 "IT 분야에서 돈벌이보다 고품질 오이를 생산하는 게 사실상 소득이 더 높다. 아내와 아이들과의 타협점을 찾아 가장의 일터는 공주시 우성면에서, 가족들의 생활은 쾌적하고 안전하게 설계된 바로 옆 신도시에서 하자."라고 제법 솔깃한 제안을 하니 아내가 선뜻 그러자고 했다.

드디어 일터로부터 15분 거리에 있는 세종시 아파트에 새로운 둥지를 틀었다. 대규모 국책 사업으로 건설된 곳이라 여러 이슈를 몰고 오면서 서서히 진화하고 있으며 스마트시티, 스마트스쿨을 표방하는 세종시에 아이들 학교도 옮겼다.

그러나 아직은 쇼핑이나 풍부한 문화공간, 대중교통 면에서 썩 편리하지는 않아 오히려 인근 도시로 원정해야 누릴 수 있는 형편이다. 다행히도 아내는 어느새 녹지 공간이 많아 공기가 맑고 조경이 아름다운 신도시의 삶을 유유히 즐기고 있었고, 전국에서 사람들이 모여든 곳인 만큼 어느 정도 익명성이 보장되는 거주지인 것에도 만족하며 지내고 있다.

요즘은 깔끔하고 안전하게 조성된 산책로에서 자전거도 타고, 행정복지센터의 다양한 교육 콘텐츠와 봉사 활동 프로그램을 통해 많은 걸 배우고 참여하면서 새로운 사람들과 어울린다. 시에서 주관하는 행사와 축제를 즐기고 활력 있는 생활을 누리면서 이쪽으로 잘 내려온 것 같다며 내게 선견지명이 있다는 칭찬까지 하였다.

그러나 내 일이 보통의 직장인과 라이프 사이클이 다른 것이 애로 사항이라고 해야 할까? 오이 농사는 1월부터 7월 초, 9월 초부터 12월에 농장을 비울 수 없기에 오이 비수기인 7월과 8월, 즉 한

여름을 이용하여 멀리 여행도 가고, 전국의 맛집 목록을 만들어 틈틈이 찾아다니며 가족들과 소통하고 있다. 다행히 가족들도 이런 사이클의 변화에 잘 적응하여 고맙기도 하다.

  또한 하우스 옆 공터에 미니 하우스를 만들어 자주 먹게 되는 푸성귀를 심으니 아내와 아이들이 주말농장 같다며 즐거워했다. 서울에서 지낼 때는 어쩌다 고향에 내려오면 부모님이 넘치게 싸 주시던 농산물이 많아서 다 못 먹고 마는 게 아닌가 싶어 노심초사했었는데, 이제는 필요한 만큼 수확하고 아파트에 사는 이웃에게도 나누어 주니 채소나 과일값이 천정부지인 요즘엔 생활비는 줄고, 덤으로 주변 인심은 얻는다며 아내는 작은 성취감과 보람을 느낀다고 말한다.

고향에서 멘토를 만나다

　　　　이제 본격적으로 농사 준비에 들어갔다. 귀농 지원금을 받기 위한 충족조건인 100시간의 교육을 이수하고, 융자금으로 2회에 걸쳐 2억 4천 원의 귀농자금을 받아 땅을 구입하고, 내재(內災)형 하우스(각종 재해에 강한 시설 하우스)를 2016년에 3동, 2019년에 3동, 2022년에 2동을 순차적으로 지었다. 내재형 하우스는 특히 요즘같이 기후변화로 인한 농업 재해가 많아지고 있는 시점에서는 거의 필수적인 기반 시설이라고 볼 수 있다.

　구입한 땅 2,500평에 하우스 8동을 짓고, 초창기에는 빨리 돈을 벌고 기반을 잡고 싶다는 의욕이 넘쳐 매일 오전 6시 30분부터 시작하여 10시간 정도 하우스 안에서 작업을 하다가 과로로 쓰러진 적도 있다. 하우스 온도가 바깥보다 상대적으로 높다 보니 쉽게 지칠 수 있고, 온열질환에 취약하다는 것을 간과했었다.

　이렇게 귀농 후 처음 3년간은 하우스에서 살다시피 했다. 하루하루 전쟁을 치르는 듯한 치열함으로 부양할 가족, 미래의 불확실성에 대한 고민을 줄이기 위해 농사에만 몰입하였던 것 같다.

　그 후로 차츰 오이 재배 기술이나 관리 측면에서 숙련도가 높아졌을 즈음 본국에서 나름 엘리트라서 영어로 소통이 가능한 외국인 근로자 2명을 고용하여 작업 시간을 줄이게 되었다. 그래서 요즘은 오전에만 오이 수확, 선별 작업, 시비, 가지 손질 등의 작업을 3시간 30분 정도, 즉 반나절만 해도 충분하다. 수확한 오이는 선별하여 지역 농협의 공선회를 통하여 출하하고 나면 일과는 끝이다.

귀농 5년 차가 되면서 '이제 뭐가 좀 되겠구나!' 하는 자신감이 생기면서 조금씩 가족과 주변이 보였다. 일에 몰입하다 보니 본의 아니게 가족에게 소홀한 것 같은 미안함에 휴식기에는 화끈하게 시간과 돈을 투자한다.

나의 경우처럼 대부분 귀농 후 자리를 잡는 데 최소 5년은 걸리지 않나 싶다. 선택한 작물이나 축종에 따라 달라질 수는 있겠지만.

이제 오이 농사도 9년째 접어들었다. 재배 기술적인 부문과 일반적인 농장 관리는 하우스 내 이동식 주택에서 숙식을 해결하면서 상근하고 있는 근로자에게 맡기고 있다. 농장주인 나는 근로자인 그들의 복지를 살핀다든가, IT 전문가 출신답게 첨단시스템을 통한 관리에 중점을 두고 있다. 즉 빅데이터 관리를 통하여 농장의 시스템(시설 내 온도&습도, 토양 온도&습도, 비료 등)을 제어하고 소비 동향 예측이나 출하 조절 등에도 활용하고 있다.

공주시는 금강과 지류인 정안천, 유구천을 끼고 있어 수량이 풍부하고 기후가 적당하여 천혜의 입지 조건을 갖추었기에 40여 년의 오이 재배 역사를 가지고 있다. 특히 우성면은 오이 농사에 최적화된 지역이다. 오이가 저온성 작물인 만큼 내가 정착한 우성면이 약간 서늘한 지역이라서 공주산 오이는 충남 천안, 경북 상주, 전북 남원, 전남 구례, 강원도 정선 등지의 고랭지 오이와 함께 전국적인 명성을 오래도록 유지하고 있다.

거기다가 지역마다 출하 시기가 달라서 자연스럽게 생산 시기도 조절되고 있다. 또한 오이 농사는 기술집약적이라 고품질 재배가 가능하고, 상품 가치를 좌우하는 균일화, 균질화가 확보되어 있어 도매시장 경락가격도 우수하다. 또한 주산지인 공주에서 생산된 오이는 전국적인 시장 인지도가 높다.

일이 풀리려니 사방에서 돕는 손길이 생기는 것일까? 지근거리에 재배 노하우에 대한 베테랑격인 선도 농가가 있었다. 그분으로부터 기술을 전수했기에 초보자로서 특별히 어려움을 느끼지 않았고, 숙련된 농사꾼이 되는 데 그리 오래 걸리지 않았다.

이런 가운데 오이 작목반에서는 언제부터인가 부모 자식 간의 세대교체가 자연스럽게 이루어지고 있었다. 더불어 신구 세대 간 멘토-멘티 역할을 통하여 자연스러운 선순환이 형성되어 하우스 땅 관리, 시설 정비 관련하여 공조, 공유 시스템을 갖추게 되었다.

경험과 재능이 시너지가 되다

오이 작목회 회원은 통상 100명 정도 유지되고 있는데, 특히 30대, 40대 중심으로 가업 승계가 활발히 진행되고 있다. 그래서인지 귀농 전 직업군도 다양했으며, 나름 전문가도 많았다. 이들의 IT, 회계, 정산, 영업 및 유통업, 건설업, 운송업에 대한 경험은 서로 도움이 되었다. 우리 작목반에서는 각자의 재능을 발휘하고 작업 단계별로 협력하여 신명 나게 농사를 짓고 있다.

예를 들면, 건축전문가는 하우스나 보관창고를 지을 때 큰 힘이 되고, IT 전문가는 컴퓨터를 활용한 판매 플랫폼을 구축, 빅데이터를 통한 소비동향 파악하는 일에 조예를 보이며, 회계전문가는 조직의 공동 목표를 추구하기 위한 세법이나 회계업무를 수월하게 다룰 수 있다. 또한 유통업, 운송업에 종사하였던 분들은 급할 때 기동성을 발휘하거나 어깨너머로 소식을 담아오는 귀도 밝아 판로를 확대하고 다변화하는 일에 달인들이다.

개인 성향에 따라서는 여럿이 함께한다는 것에 불편함을 느끼는 사람들도 있지만, 공동의 목표를 가진 사람들의 재능과 경험이 다양할 때는 그것이 큰 시너지 효과를 발휘하게 된다. 회원들은 정보를 공유하고, 연대감을 나누며 활기찬 네트워크나 커뮤니티 활동이 펼치고 있다.

유통 구조의 아쉬움, 독립은 꿈으로 남겨두다

        규모화, 표준화되어 고품질, 다수확 생산에 유리한 공주시 오이는 시장효과가 높다. 그러나 오이는 계절 간 등락 폭이 크므로 안정적인 수익을 위해서는 판로를 확장하는 것이 중요하다.

대부분은 농협을 통하여 가락동 시장에 납품되지만, 만만치 않은 수수료가 부담되는 면이 있다. 이를 줄이고자 로컬푸드에 개인적으로 납품하거나 B급 생산물을 이용한 피클, 장아찌 등의 가공업체에 거래처를 튼 회원들도 있다.

주산지의 명품오이를 어떻게 잘 팔고, 수익률을 높이느냐를 고민하다 보니 수수료가 높고 단계가 복잡한 유통망으로부터 독립할 방법이 없을까 회원들과 함께 고심했다. 그러나 막상 이것을 추진하려면 기존의 거대 유통 조직의 벽에 부딪혀야 한다. 어느 지역이든 오래전부터 유통 조직과 농업인 간의 역할 분담이 형성된 터라 일단 맡기고 나면 농업인의 재량권은 극히 제한적이다. 합리성을 추구하는 젊은 층은 이러한 방식에 저항감을 느끼는 것 같다. 그래서인지 판로 다변화 차원에서 온라인 판매 플랫폼을 구축하여 팔고 있는데, 자기 생산품만으로는 수요량을 충족하지 못하므로 다른 농가들까지 참여하는 형편이다. 온라인 커머스에도 공들일 태세이다.

그러나 유통 조직은 충청남도나 공주시의 지원 사업을 통해 적잖은 도움을 받으며 시스템 환경이 견고해지고 있는 것도 현실이다. 그런데 이런 상황에서 우리 작목회가 갑자기 따로 독립하겠다고 법인을 만들면 행정적인 뒷받침, 즉 관리를 받고 있는 현재의 시스템(유통 시설, 인력, 자금, 유지 관리 등)을 신생 법인이 오롯이 감당해야 할 몫이므로 기반이 없는 백지상태에서 추진하기가 그리 녹록지 않다는 것이다. 또한 다른 채널을 통해 소규모로 출하하게 되면 지역 브랜드로 인정받기가 수월하지 않을 수 있다.

이렇듯 행정과 농협이 협업으로 추진하는 유통 구조에 대한 아쉬움이 있지만, 생산자는 재배 자체에도 진땀을 빼는데 유통 조직의 존재는 유통 단계별로 소비해야 할 노동력을 줄여주는 측면이 있다.
이렇게 농업인(생산자)과 거대 유통 조직(판매자)의 공생관계는 분담과 협업의 형태로 오래전부터 지속해 왔고, 당분간 그대로 유지되지 않을까 조심스럽게 예측해 본다. 이제는 생산자도 농업으로 어느 정도 먹고살 수 있는 게 현실이기에 다들 고단하고 복잡한 과정이 성가시고 귀찮게 여기는 것도 인지상정이다.

그렇다고 현실이 꿈을 뭉개버리게 할 수는 없다. 내 농업이 더욱 탄탄하게 기반을 잡고 향후 여력이 된다면 유통 구조의 아쉬움을 미력하나마 해결할 수 있도록 직거래 플랫폼을 만들어 수수료를 최소화하여 농업인들의 수익을 높이도록 돕고 싶다.

객지에서 돌아온 자식처럼!

아들에게 농사를 넘겨준 아버지는 가끔 하우스를 둘러보시면서 장인다운 눈매로 부족한 부분을 챙겨주시고, 탄탄하게 꾸려가는 아들에 대해 대견스러워하신다. 아들 또한 농사에 매어 노심초사하시느라 수십 년 동안 제대로 여가를 즐기지 못하고 살아오신 부모님이 최근에는 여유롭게 해외여행도 다니시니 자식으로서 뭔가 기여한 것 같고 뿌듯하다. 이렇게 자녀의 귀농으로 가업 승계가 순조롭게 이루어진 집안은 세대 간 윈윈이 가능한 것 같다.

지금 정착하여 일하는 곳은 출생하고 자라서 대학에 가기 전까지 살았던 고향이며, 친인척과 친지가 살고 계시니 우리 가족을 익히 아는 지역민들의 불신 염려는 아무런 연고가 없는 이방인보다는 상대적으로 적었다. 오히려 도움을 받을 수 있는 인적 네트워크를 갖고 있다는 것이 커다란 위안이자 버팀목이 되었다.

또한 동네 어르신들은 객지에서 일하다 고향에 돌아온 청년들을 마치 당신들의 자식처럼 챙기고 보듬어 주셨다. 농사 기술은 물론 여기저기 데리고 다니시면서 "얘는 ○○네 집 아들이야. 공부 열심히 해서 도시에서 돈도 잘 벌었는데 이번에 물 맑고 공기 좋은 농촌에 돌아왔어. 뭐든 잘 좀 가르쳐 줘."라며 회사의 신입사원을 소개하는 중견 간부처럼 따스한 배려심으로 새롭게 인맥을 터주신다. '고향의 훈훈함이 이런 것이구나.' 생각하니 눈시울이 뜨거워지기도 했다.

연고지로 귀농하게 되면 기존 인프라, 인맥 등을 활용할 수 있어 이미 유리한 고지에서 출발하는 셈이고, 시련이 닥치면 혈육이나 선배, 지인에게 기댈 수 있고 안정감을 준다는 장점이 있는 것 같다.

오이 하우스가 군집한 공주시 우성면 우리 마을은 나를 비롯하여 한참 활력이 넘치는 30, 40대가 농촌에 꾸준히 들어온다. 이들은 이미 정착한 베이비붐 세대는 물론 그 이전의 실버 세대에게도 역동성을 불어넣고 창발적인 아이디어를 제시하고 있다. 농사 방법도 기존의 관행적인 방향에서 수익을 높이고, 노동력은 절감하는 합리성 추구형으로 점차 진화하고 있다. 이렇듯 젊은이의 패기와 어르신들의 경험, 노하우가 맞닿으면 농촌은 더 많은 사람이 살고 싶은 꿈의 고장이 될 것이다.

함께하면 무한 확장되는 힘!

농업은 이미 '이것저것 안 되니 농사나 지어볼까?'라는 종전의 체념적인 선택지가 아니다. SWOT 분석을 하고 농촌에 뛰어든 나로서는 머리를 써서 일하는 사람에게 농업은 수익성과 가성비 좋은 사업임을 실감하였고, 귀농에 관심 있는 타인에게도 자신 있게 입증하고 싶다. 모든 사업이 그러하듯이 오이 농사도 시작부터 끝까지 치밀하게 분석하고 접근하는 디테일이 중요하고, 이것을 곳곳에 섬세하게 잘 활용하는 것이 승부를 좌우할 수 있다.

나의 오이 농사가 이젠 안정세에 접어들었지만, 아직은 다른 일에 손대지 않고 오이의 상품성과 부가가치를 높이는 데 주력하고 있다.

또한 기반이 없이 귀농하였거나 정보가 불확실하고 기술이 전무인 사람들의 안내자 및 디딤돌 역할을 하여 그들에게 용기와 희망을 주고 싶고, 함께 걸어가면서 끈끈한 인간미의 힘을 키우고 싶다.

이러한 가운데 때마침 "마음이 있는 곳이 길이 생긴다."라는 말처럼 요즘은 관공서로부터 귀농 사례 강의 요청을 받고 있어 애정과 소신을 담아 나름 열강을 하고 있으며, 나의 농장 또한 실습 농장이자 현장 견학지로 정해지면서 일상의 분주함을 더해가고 있다.

또한 귀농귀촌 사업 중의 하나인 멘토-멘티 프로그램에서 만나는 청년 농업인들의 초조하고 불안한 눈빛을 바라보면 안쓰러운 마음이 든다. 생존의 위협은 세대를 불문하고 찾아오는 불청객인 것 같다.

그나마 먼저 들어와 정착한 귀농인으로서 후배가 될는지도 모르는 그들에게 용기와 도움될 만한 정보를 준다. 그리고 멘토 수당을 털어 함께 밥을 먹으며 속사정과 애로 사항을 들어본다. 그들은 귀농에 대해 아직 확신이 없고 관련 지식도 불충분하므로 자칫하면 우왕좌왕, 좌충우돌할 수 있다. 그래서 체계적인 가이드, 즉 예비 귀농자들을 위한 상황별, 단계별로 매뉴얼을 만들고, 과정마다 멘토 역할을 할 전문가를 육성하면 좋겠다는 생각이 든다.

각 지자체에서 귀농을 권장하고 환영한다고 전방위적으로 노력하고 있으나 아직 진입장벽이 높은 게 현실이다. 그리고 청년창업농에게 지원금이 많지만, 그걸 감당할 자기자본이나 다른 지렛대가 없거나 불확실한 미래에 대한 불안감을 가진 경우가 많다. 또한 기술 습득 문제, 기민하게 대처해야 할 기후변화에 대한 우려로, 늘어나야 할 젊은 세대 귀농의 양상은 겨우 대물림에 머무르는 추세이다.

또한 입지 좋은 곳에 양질의 땅을 구하는 것도 쉬운 일이 아니므로 농어촌공사 쪽에서도 귀농인에 대한 정책적 배려가 필요하다고 생각한다. ♣

예비 귀농자의 궁금증 해소를 위한 Q&A

Q. 귀농 자금은 받는 게 나을까요?

A. 귀농자금도 일종의 빚입니다. 기반 시설이나 토지 구입이 필요할 경우는 받는 게 낫고, 만약 부모로부터 시설, 토지까지 물려받는다면 굳이 안 받는 게 나을 것 같습니다. 귀농 초기에는 비용 지출을 최소화해야 하니까요.

Q. 여름에는 하우스 온도가 높아져서 찜통 수준일 것 같은데, 허리도 아프고 작업이 힘들 텐데…. 잘 버틸 수 있는 팁이 있을까요?

A. 한여름에는 쉽니다. 오이값이 비싼 가을부터 봄까지 아침 일찍 일하고 더운 시간대에는 주인도 휴식을 취하고, 근로자도 쉬게 합니다.

그리고 하우스는 생각보다 덥지는 않습니다. 다만 창문 틈으로 뱀이나 쥐, 고라니 등의 유해 동물의 피해를 받을 수 있으니 방지책을 마련해야 합니다. 그리고 오이 수확은 낮은 가지에서 작업하므로 허리가 그다지 아프지 않습니다. 대신 선별 작업에 시간이 오래 걸립니다.

Q. 하우스는 특히 연작장해를 방지하기 위해 땅 관리가 중요하다고 들었는데, 어떤 방법으로 토양을 관리하시나요?

A. 최근에는 볏짚 활용하여 토양 관리와 하우스 내 온도 조절을 합니다. 볏짚은 유기물, 미생물을 다량 함유하고 있고, 광합성에 필요한 탄산가스를 발생시킵니다.

Q. 가족들이 도시 생활을 그리워하지는 않나요?

A. 처음에는 사실 아내와 아이들로부터 생활이 불편하다고 하지 않을까 우려했었는데, 좋은 학교가 집 가까이 있어 안전하니 만족해하고, 거의 모든 이동 활동은 자동차로 움직이는 세상이므로 가족으로부터 오히려 잘 내려왔다며 제가 혜안이 있다는 칭찬을 듣고 있습니다. 저 또한 유흥이나 사교를 그다지 즐기는 편이 아니라, 한적한 전원생활이 잘 맞습니다.

오이 농사꾼의 방학은 여름입니다. 7월과 8월, 한여름에는 오이 휴작기로 몸도 쉬고, 땅도 쉬게 하면서 가족을 챙깁니다.

이렇게 새로운 환경이나 변화가 처음에는 낯설어도 금방 익숙해지듯이 인간은 본래 적응에 강한 동물인 것 같습니다. 또한 여행이 그러하듯 살던 곳을 벗어나 보고 환경이 바뀌면 많은 것을 폭넓게, 객관적으로 바라볼 수 있으며, 안목도 깊어지는 장점이 있습니다.

Q. IT 전공자에게 농업은 생소하지 않나요?

A. IT는 모든 분야에 융·복합의 형태로 적용할 수 있는 만능 키 같은 것입니다. 농업도 제 전공과 이전 직업을 활용하니 관리가 수월합니다. 귀농 전 직업이나 경험은 반드시 도움이 됩니다.

Q. 그밖에 꿈이 있다면?

A. 농촌으로 온 도시 출신들의 지적이고 문화적인 측면에 대한 목마름을 다소나마 해소할 수 있으면 좋겠습니다. 그래서 농촌에서도 그 지역만의 특화된 지식산업이 발전하고, 도시 못지않은 풍부한 문화 활동이 가능하도록 작은 계기나마 마련해 보고 싶습니다. 이런 일들이 어떤 면에서는 이전 경력과 경험을 활용한 재능 기부의 일환일 수도 있고요. ♣

2.
강남 사모님의
전업주부 탈출기

대상자: 최숙희

귀농 시기: 2014년

전직: 전업주부

귀농 동기: 자아실현 욕구

생산품: 복숭아

농장명: 희도원

이
야
기

순
서

은퇴 부부의 돌파구

　　　　나는 20대 초반, 고향인 부산에서 오빠의 소개로 지금의 남편을 만나 결혼하고 남편의 직장을 따라 상경하였다. 30여 년간 서울시 강남구 방배동에서 아이들 키우며 알뜰살뜰한 전업주부로 살아왔다.

어릴 때부터 뭐든 빨리 익히니 야무지다는 얘기를 많이 들었으며, 눈에 띄는 대로 책을 읽어내는 편이고, 학교 성적도 제법 괜찮았던 나는 고등학교 졸업 후 대학에 가고 싶었다. 그러나 빠듯한 살림에 위로 오빠만 넷이고, 연세가 많으신 어머니가 아프거나 하면 집안일을 도울 딸이 필요했던 우리 집안의 사정으로는 버거운 일이었다.

결혼 후에는 아이 낳고 순탄하게 자라는 것을 즐거움으로 알고, 남편이 직장에서 안정적으로 벌어다 주는 월급으로 살아온 보통의 주부였다. 과묵하여 리액션이 별로 없는 남편이지만, 밖에서는 때에 맞게 사회적인 지위도 올라갔고 별 탈이 없었다. 또한 나도 사치나 낭비에는 별 관심 없으니 근검절약하여 살림을 늘려 가는 재미도 쏠쏠했다.

이렇게 다람쥐 쳇바퀴 도는 30여 년이 지나면서 대학 졸업하고 직장을 얻은 자식들이 결혼하여 독립하였고, 이어서 남편까지 정년 퇴직을 했다. 우리 부부는 처음 몇 년은 등산이다, 여행이다, 동호회다 하면서 분주하게 밖으로 신나게 나다녔다. 그러다 남편은 지쳤는지 이제는 집 안에 들어앉아 꼬박 삼시 세끼를 찾아 먹고 있었다.

남편이 직장인일 때는 아침밥만 입맛에 맞게 정성껏 차려주면 점심은 직장에서 해결하고, 저녁은 회식하거나 비상근무 등으로 야근하면 으레 식사하고 들어오니 밥 차리는 것으로 고민할 일이 많지 않았다. 그러나 은퇴 후에는 역시 집이 최고라면서 24시간 집 안에만 틀어박혀서 책을 읽거나 취미 생활하는 남편이 조금씩 불편해졌다. 더구나 남편에게 뭘 물어보면 충분히 소통하려 하지 않고, 단답형으로 대답하고 무뚝뚝하고 권위적인 태도로 응수하였다. 성질 급한 나는 언제부터인가 가슴에 울화가 쌓이기 시작했다.

이런 남편에게 자주 신경질인 반응을 보이는 내게 "우리 집 재산 나 죽으면 당신 건데 뭐가 걱정이냐고!"라면서 달래려는 그의 말에, "칫, 누가 먼저 죽을 줄 알고?"라고 쏘아붙였다. 재산은 둘째치고 안정적인 연금에도 불구하고 종일 그의 간섭하에 외출도 자유롭지 못한 채 생활해야 하는 나의 답답함과 공허함은 해결되지 않았다.

어느 날인가. 마트에서 장을 보고 나서 평소 잘 가지 않는 조용한 카페에 홀로 앉아 스스로 불만이 증폭되는 이유를 생각해 보았다.

밖에서 활동하던 남편이 나의 영역을 침범해 들어왔기 때문이 아닐까? 가족들이 공부하러, 생업을 위해 밖으로 나가고 나면 그때부터 집은 오롯이 나만을 위한 자유 시간이고, 공간이었던 것이다. 혼자 있어도 멍하니 있거나 놀지 않는 성미 상 나는 늘 분주하게 무엇인가를 하는 편이었다.

작은 체구에 맞는 기성복이 별로 없으니 세탁소에 가서 줄이느라 돈 드는 게 은근히 아까웠기에 양재를 배워 짬짬이 솜씨를 발휘하여 간단한 가족들의 옷도 만들어 주었다. 급한 집안일 해치우고 나면, 독서 하고 영화도 보고 때로는 소진한 에너지 보충을 위해 낮잠도 달게 잤다. 스케줄을 짜서 문화센터 강좌에 나가고, 더러는 친구들과 나누는 건강한 수다도 즐거웠다. 남편의 은퇴 전 나의 일상은 이러했다.

그런데 남편이 집 안에 들어앉고 나서는 생활방식과 일정을 그에게 맞추어야 하고, 남편은 수십 년 살아온 가부장적인 방식을 신념인 양 강조하며 이것저것 참견해대니 은퇴형 감옥 생활에 크고 작은 충돌이 생기면서 생활의 불편함이 자꾸 부각되었다.

사람의 장점이란 상황에 따라 단점으로도 작용하는 것 같다. 모범생 같은 성실성은 공부하고 생업을 갖기에는 유리하나 때로는 융통성 없는 고지식함으로 보일 수 있다. 수십 년 함께한 가족은 정든 존재이고, 특히 처녀 시절 나의 엄격한 기준에 맞았던 남편은 오랜 동지와 같다. 그러나 종일 맞대고 있으면 장점보다는 단점이 부각되고 공연한 짜증이 난다. 가까운 사이에도 평화를 위해 일정 거리가 필요하다는 어느 작가의 말에 공감하게 되었다.

새로운 둥지를 틀다

매슬로우의 인간의 욕구 단계설에 의하면, 인간에게는 먹고살 만해지면 누구의 간섭이나 방해를 받지 않고 자유의지대로 살고 자아실현을 하고 싶은 욕망이 있다고 한다. 내 안에 오랜 시간 빙하처럼 잠자고 있던 새로운 세계를 만들어 가꾸고 싶은 욕구가 이제서 깨어나려고 꿈틀거리는 모양이다.

그러나 전업주부로만 살다가 50대 후반 나이에 직업을 가져보려고 하니, 오래전부터 고전무용은 꾸준히 해왔지만, 먹고사는 데 필요한 기술이나 지식은 없었다. 주변에 요양보호사 자격증을 따는 사람들이 있었지만 내 성미로는 그 일을 수행할 자신이 없었고, 그 밖에 마땅한 일이 떠오르지 않았다.

불현듯 생각난 것이 농촌으로 가는 일이었다. 오랜 도시 생활도 싫증 나던 차에 자연과 함께한다는 건 숨통이 트이고 낭만적일 것 같았다. '농촌이 답이다.'라고 결론을 내렸다. 일단 귀농 카페에 들어가 눈팅을 하기 시작했다. 찾아보니 채소나 과수 정도는 농사로 도전해도 될 것 같았다.

남편과의 냉전에서 이제 타협점을 찾아보려고 시골에 가서 한번 살아보자고 했더니 집 안에 고장 난 거 고치는 일도 서툰 데다 농사짓는 등 몸을 쓰는 일을 하기 싫어하는 남편은 요지부동이었다.

  2년에 거쳐 진득하게 남편을 설득했지만 오히려 강경해져 "그렇게 미쳐서 나가려면 돈 한 푼은 물론 숟가락 하나도 가져가지 말라!"라고 으름장을 놓았다. 그럴수록 이상한 오기까지 발동한 나는 비장한 결심하기에 이르렀다.

  반드시 실행하고야 말겠다고.

  그런데 혼자 어디로 가서 무엇을 하며 살아야 하나? 집을 나간다고는 하나 방배동 집과 자식이 사는 곳으로부터 멀면 그건 진짜 유배나 마찬가지다. 서럽고 두려운 마음이 밀려들면 의지가 힘없이 꺾일 수도 있었다. 심사숙고 끝에 드디어 자동차로 편도 2시간 이내 거리인 '한강 이남, 금강 이북'으로 정하기로 했다. 바로 경기도나 충청권인 것이다.

  귀농 카페에서 계속 갈 곳을 눈여겨보던 중, 마침 공주시 유구읍에 저렴한 단독주택 전세가 하나 나왔다. 할머니가 거주하시던 곳인데 살림이 그대로 있으니 집주인은 세간살이를 이용하면서 살 사람을 찾고 있었다. 밭도 280평인가 딸려 있었다. 바로 나를 위한 집이다 싶었다.

  그러나 가진 것은 아담한 자동차 한 대와 저축한 돈 650만 원뿐이었다. 고민 끝에 오랜 친구에게 이유는 묻지도 말고 얼마만 꾸어

달라고 했다. 그 친구는 무슨 사고를 치려고 그러느냐고 걱정하면서
도 선뜻 빌려주었다. 가진 돈을 보태서 유구읍에 있는 그 집을 얼
른 계약했다.

생애 최초의 내 땅

드디어 새로운 인생이 시작되었다는 설렘과 기대에 부풀어 간단한 옷가지와 소지품만 가지고 공주시 유구읍 구계리로 내려갔다. 떠날 때 걱정스러워하는 아들에게 "아빠가 돈 한 푼 안 주어 엄마는 이제 굶어 죽게 생겼다."라고 우는 시늉을 하며 안전장치를 마련코자 나름 꾀를 썼더니 착한 아들은 엄마에게 월 50만 원씩을 꼬박꼬박 부쳐주었다.

생활비를 최소한으로 줄이고 귀농 카페에 올라오는 단기 일자리를 닥치는 대로 해치워 돈을 벌기 시작했다. 가진 것 없이 시골로 내려온 내 처지가 너무 절박했던 만큼 성심껏 일해 주니까 일한 집에서 계속 부르고, 다른 데도 소개해 주니 돈벌이에 공백이 없었다. 또한 평소에 외식은 물론 육류나 해산물도 그다지 즐기지 않아 식비가 적게 들고, 일터에서 더러 찬거리를 얻어오니 돈은 착실히 모였다. 드디어 1년 만에 친구에게 빌린 돈을 갚았다.

일이 착착 진행되는가 싶어 신바람이 났는데 갑자기 문제가 생겼다. 전세 계약 기간이 지나니 집주인이 이젠 월세로 놓고 싶다는 것이다. 최소 생활비만 쓰고 근근이 모아서 땅을 사려고 하는데 월세를 내면 돈을 모을 수가 없었다. 그래서 집주인에게 계약을 연장해 달라고 사정했더니 그쪽에서는 1년 이내에 이사하여 살아갈 방도를 찾으라고 말미를 주었다.

그즈음에 공주시 신풍면에 급히 내놓은 논이 850평이 있다는 것을 알게 되었다. 바로 이거다 싶었는데 내겐 논값을 충당하기엔 가진 돈이 턱없이 부족했다. 땅값은 내가 공주시에 내려와 3년간 번 돈의 두 배였고, 그 나머지를 마련해야 했다. 이번에는 서울 살 때 이웃에 살던 지인에게 급한 돈이 필요하다고 하니 한도 내에서 쓸 수 있는 마이너스 카드를 선뜻 빌려주었다.

수십 년 전업주부로 살았지만, 신용을 잃지는 않았다는 걸 확인하니 어렵게 현실을 돌파하고 있는 내게 적잖은 위안과 용기가 되었다. 그러나 엄밀히 따져보면 매사에 확실한 내 성정도 한몫했겠지만, 담보 가치로 충분한 남편이 여전히 서울 집에 버티고 있었으니 그 지인에게도 리스크는 크지 않았던 셈이다.

돈을 마련하려고 궁리하는 사이에 사정이 급한 논 주인이 다시 연락하더니 500만 원 깎아주는 바람에 내가 가진 능력 내에서 드디어 대망의 내 땅, 논을 살 수 있었다. 논을 밭이나 과수원으로 쓸 수 있도록 성토하고, 도로변 입구 쪽에 작은 농막도 마련했다.

나의 무릉도원

이제 무엇을 심을 것인가. 농작물도 유행을 탄다고 한다. 한 예로, 십 년 전만 해도 강력한 항산화물질이 다량 함유되었다는 아로니아의 인기는 대단했다. 그러나 아무리 효능이 좋다 해도 그 가공 과정이 번거롭고 식감이 떨떠름한 게 한계인지 최근에는 아로니아를 심는 사람이 별로 없다.

그리고 내려오기 전에 여러 사람으로부터 "귀농할 때 귀가 얇으면 위험하다."라는 얘기도 들었다. 즉 스스로 줏대 있게 밀고 나가야지, 반짝 인기 있는 작목은 너도나도 순식간에 덤벼들기 때문에 잠깐 뜨다가 폭삭 망하기 쉽다는 뜻이다.

또한 과일이든 채소든 오랫동안 소비자에게 꾸준히 사랑받고 선호도가 넓게 분포하는 게 비교적 위험 부담이 적다고도 귀띔해 주었다. 그 얘기는 납득할 만했다. 아무리 경기가 나빠도 식비는 줄이는 데 한계가 있는 만큼 농산물도 일정 부분 소비하는 인구는 정해져 있고, 늘 먹던 걸 안 먹고 살기는 쉽지 않으므로 진득한 스테디셀러가 낫다는 의미이다.

농촌에 가서 어떤 작목을 얼마나 재배할까를 결정하는 일은 매우 중요하다. 결정장애로 시간을 끌다가 확신이 안 생겨 귀농을 못 하는 경우도 있다고 한다. 나의 경우는 시골에 내려와서 280평의 텃밭 농사도 지어보고, 농작업 일자리를 가졌던 게 자리 잡는 데 여러모로 도움이 되었다. 다양한 작목을 접하면서 작물의 특성, 재배법이나 농사지으며 특별히 어려운 점 등을 어깨너머로 알게 되었기 때문이다. 뿐만 아니라 일하면서 사람들과 어울리며 친화력이 생기고, 성실함을 인정받고 신뢰를 확보하니 농업인들로부터 많은 정보를 얻을 수 있었다. 농작업 일자리 알바는 귀농인이 자리 잡는 데 여러모로 유익한 기회인 것 같다.

그 당시에 관심 있던 작목은 블루베리와 복숭아였는데, 블루베리는 일시에 익어버려 노동력이 많이 필요하므로 혼자 농사로는 감당할 수 없어 복숭아로 결정했다. 복숭아 재배는 농장에서 자주 일해봤기 때문에 눈썰미로 익혀서 어느 정도 자신감도 붙어있었다. 물론 복숭아도 삼복더위에 수확하므로 장마나 폭우로 복숭아가 싱거워지면 상품성이 없으므로 출하 조절을 잘하는 게 관건이다.

농막과 마당을 제외한 800평에 복숭아 묘목을 품종별로 구입하여 수확 시기별로 나누어 심었다. 최초 수확이 가능한 3년을 기다리며 생활비를 벌기 위해 매일 귀농 카페 게시판을 눈팅 하며 단기 알바를 계속했다. 열심히 일한다고 알음알음 소문이 나서 일자리는 끊이지 않았다.

드디어 내 키에 맞게 Y자로 뻗으며 잘 자란 복숭아나무에서 3년

째부터 조금씩 열매를 딸 수 있었고, 5년째가 되니 복숭아가 제법 열려서 인근 지역 로컬푸드에 납품하고, 지인에게도 판매하였다.

복숭아는 별로 유행을 타지 않고, 새콤달콤한 식감은 물론 여름철 기력 회복에도 좋다 하니 남녀노소 싫어하는 사람이 별로 없다. 또한 품종별로 수확 시기가 다르니 재고가 쌓이지 않았다. 더러는 지인에게 맛보라고 주면 그쪽에서는 자기 생산품을 제공하니 자연스레 물물교환도 되었다. 농촌에서는 은근히 물물교환도 잘 이루어지고 있다.

복숭아 재배에 따로 인건비를 쓸 여력이 없던 나는 손수 정지·전정, 예초 작업을 하였고, 고라니, 멧돼지 등의 야생동물 방지망도 설치하였다. 이렇게 작업에 뛰어드니 묘목이나 농약, 포장재 값 외에는 경영비(인건비)가 절약되어 이젠 단기 알바 같은 것은 안 해도 될 정도의 수입이 창출되었다. 게다가 과수원 가장자리 나무 아래에는 푸성귀를 심어놓으니 따로 장 보러 나갈 일이 별로 없었다.

봄에는 화사한 꽃을 피우고, 초여름이 되면 초가을까지 복숭아 향기가 가득한 나의 무릉도원 울타리에는 계절별로 온갖 아름다운 꽃들이 흐드러지게 핀다. 문 앞의 휴식처, 나무벤치 위에 포도나무 그늘이 과수원의 운치를 더해주고 있다.

또한 집 지키라고 친척이 데려다준 하이브리드 개 두 마리의 재롱과 말썽으로 무료할 틈이 없다. 거기다 요즘은 애완계로 가져온 장닭과 청계가 지들끼리 싸우다 도로 친하다 하는 모습이 폭소를 자아내게 한다.

복숭아나무가 지켜주는 나의 보금자리

　　주변에서는 '할머니라기엔 젊은 외지에서 온 여자'가 혼자 과수원 앞에 농막을 짓고 억척스럽게 농사지으며 사는 게 이해되지 않는 모양이었다. 또한 시골이라는 곳이 농사가 시작된 이래 대대로 집성촌을 이루며 살아온 습성상 서로의 사정을 세밀하게 알아야 직성이 풀리는 풍토를 갖고 있으니 그들의 불편한 관심도 이해되긴 했다.

　특히 어르신들은 호기심이 많았다. 어디선가 갑자기 나타난 중년 여자가 논을 사더니 거기다 냅다 복숭아 과수원을 일구었다. 그리고 작은 농막에서 거주하며 일손을 전혀 사지 않고 손수 농사짓는 모양새가 그들에게 낯익은 모습은 아니었기 때문이다. 마을 사람들은 나의 농사짓는 모습을 멀찍이서 바라보며 놀라는 표정을 짓기도 하고, 고개를 갸우뚱하기도 했다.

　몇 년 전 여름인가는 폭우가 엄청났다. 거칠고 강한 빗소리에 농막 지붕에서부터 부서지고 깨지는 소리가 들려 불안한 마음이 들었지만 '모든 건 신에게 맡기자.' 하고 스스로를 다독이며 잠들었다. 아침 일찍 일어나 이상이 없는지 나가보니 낙과(落果) 피해는 좀 있었지만 다른 건 멀쩡했고, 언제 폭풍우가 지나갔나 싶게 주변이 말

끔하고 평온하였다.

그대신 집 앞에는 언제부터 있었던 건지 동네 팔순 어르신이 서
성거리고 계셨다. 그의 난데없는 출현이 호기심인지, 걱정 때문인지
아니면 둘 다인지는 모르지만 나는 고마움 반, 거추장스러움 반으
로 혼란스러운 표정인 채로 그분을 맞이하였다.

"밤새 무섭지 않았어?"라고 물으시길래 마침 복숭아나무를 바라
보고 있던 나는 "괜찮아요. 우리 복숭아나무가 지켜주잖아요?"라
고 답했다. 얼떨결에 임기응변으로 나온 말이지만 그리 틀린 얘기
도 아니었다. 복숭아는 귀신을 쫓는다는 속설 때문에 제사상에 올
리지도 않는다. 나의 집 복숭아나무는 과실로 일용할 양식을 제공
함은 물론 보디가드 역할도 하니 아주 고마운 작물인 셈이다.

앞만 보고 달리며 얼른 돈 벌고, 땅 사고, 농사짓고 제대로 수확
을 내어 자리 잡아야지 하는 일에만 골똘했던 나는 그때서야 무연
고지로 귀농하면 주변을 살피게 된다는 것을 인식하게 되었다. 시
골 사람 특유의 사람에 대한 지나친 관심, 자기 위주의 사고방식
주입, 장광설 등에 적응하는 게 쉽지는 않았지만, 어느덧 성질을 누
르며 온화한 표정을 짓고 마을 사람들과 어우러지는 나를 발견하고
있었다.

남편과의 고집 대결

아무리 일방적으로 집을 튀어 나갔다고는 하나 40년 간 부부로 살면서 아이 낳고 평탄하게 살아온 내게 남편은 너무 매정하다 싶었다. 여자 혼자 낯선 곳으로 가서 엄청 고생할 건 뻔하니까 자기도 걱정되어 3개월이면 내려와 보겠지 생각했다. 그러나 아집과 자존심 강한 남자는 여전히 철벽이었다. 오히려 '제까짓 게 아무리 생활력이 강하다 해도 가진 돈도 없는데 얼마나 버티겠느냐, 길어야 1년이면 항복하고 서울로 올라오지 않겠냐.'라고 생각한 모양이었다.

그러던 남편은 언제부터인가 주말을 이용하여 슬슬 내려오기 시작했다. 농사라고는 평생 지어본 적 없는 작은 체구의 아내가 혼자 일군 아담한 복숭아 과수원을 바라보며 처음에는 의외라는 듯 눈을 휘둥그렇게 뜨더니 곧 대견한 듯 흐뭇한 미소가 번졌다.

나도 남편이 이제 변하나 싶어 반가운 마음에 좀 도와달라고 하니 예초기를 엉성하게 들고 풀을 깎는데 서툰 건지, 건성인지 풀을 바싹 자르지 않고 잔뜩 남겨두니 (한 번 더 해야 해서) 일거리를 더 얹어주는 격이었다.

더구나 남편은 양손잡이였는데 농사일이 서툴고 느린 데다가 어설픈 손놀림으로 다치기까지 해서 영 불안했다. 잡일을 잘 못 하는 그 사람은 평생 머리로 공부하고 사무실에서만 일한 사람다웠다. 그래도 그나마 내 일에 관심을 가져주니까 고마웠다.

부부로 인연이 되면서 수십 년을 살면 젊어서의 감정은 조금씩 퇴색하기 마련이다. 더구나 종일 붙어만 있으면 숨 막힐 것 같은 거북함에 서로의 단점만 보이기 쉽다. 그것은 각자가 불편하지 않을 만큼의 일정 거리와 자기만의 공간을 마련하지 않았던 게 하나의 이유일 수 있다.

곰곰이 돌이켜보면 우리 부부는 젊은 날부터 이렇게 살아왔는지도 모른다. 그때 남편은 가장이자 남편, 아버지로서, 나는 아내, 엄마로서의 역할에 충실하다 보니 필요한 얘기는 하고 살았던 것 같다. 그러나 자식은 독립하여 부모의 울타리를 떠나고, 남편도 오랜 생업이 끝나니 화제가 대폭 줄어들었다. 그 후 서로 공감할 대화거리를 만들지 못했던 게 이런 장벽이 생겼던 이유 중의 하나가 아닐까?

귀농이라는 새로운 선택에 남편이 동조하지 않아 시작부터 모든 게 벅차고 고단하였지만, 그러는 사이 10년이란 세월이 흘렀다. 고집 센 부부가 타협점까지는 아니지만, 의도치 않게 각자의 시간과 공간을 확보하고 살다 보니 서로의 입장에 대해 객관성을 가지고 생각해 보는 기회도 마련되고 있었다.

내가 남편의 생각을, 남편이 나의 입장을 얼마나 헤아려왔는지를 되새겨보며 조금씩 서로의 간극을 좁혀가고 있다는 느낌이 든다. 드높던 각자의 주장도 조금씩 낮아지고, 예전의 무심했던 감정도 조금씩 회복되나 싶다.

　요즘 황혼 이혼이나 졸혼이니 하는 말들이 횡행하는 마당에 나의 용감한 귀농 작전이 어쩌면 위기 극복을 위한 신의 한 수였는지도 모른다. 어설프지만 가끔씩 농사의 일손을 덜어주는 남편과 내가 이제는 한 방향을 바라보고 같은 꿈을 꾸고 있는 것 같다.

혼자 있는 시간의 힘

비가 오면 대부분 농사꾼들은 작업을 쉬게 된다. 빗소리의 운치를 좋아하는 나처럼 비가 오면 자기의 오감을 통해 살아 있음을 실감한다는 지인이 가끔 연락한다. 한참 핫 한 영화를 보고, 맛난 음식을 먹고, 찻집에서 수다도 떤다. 그러나 대부분은 집에서 홀로 있는 시간을 만끽한다.

아파트에서 살 때는 못 느끼던 농막 지붕과 처마 위에 떨어지는 꾸준한 빗소리의 음향은 산사의 목탁소리처럼 마음을 고요하게 해주었다. 청아한 클래식 음악을 들으면서 아침 커피를 마시고 빗소리를 배경음악 삼으며 책을 읽고 좋은 영상을 청취한다. 그러던 중 독서와 영상의 차이점을 발견하였다.

유튜브나 영화 등의 영상매체는 빠른 진행 속도로 인해 생각할 틈이 없이 듣는 대로 흡수해 버리니 자신만의 안목과 식견으로 판단하기 이전에 전달자의 의도대로 세뇌되기도 쉽다. 반면 책이나 신문 등의 인쇄 매체는 읽는 속도를 스스로 조절하며 좋은 글귀나 공감이 가는 내용을 음미하고 내용도 자신의 시각에 맞게 분석하는 여유를 가질 수 있다.

마음의 양식이라는 독서는 거울 보듯 자신을 꼼꼼히 들여다보게 해준다. 지난 일들을 자책하고 고치려는 성찰은 독서를 통해 가능한 것 같다.

모처럼 호사를 누린다는 기분으로 책을 보다가 눈이 침침하거나 졸음이 올 때는 유튜브 영상을 라디오마냥 자장가 삼아 듣는다.

이렇게 나만의 동굴 속에서 누리는 비 오는 날의 휴일은 풍요롭다. 아무도 참견하지 않고, 신경 쓸 일도 없이 고요한 환경에서 자신에게 오롯이 집중할 수 있는 혼자만의 시간을 가질 수 있기 때문이다.

"내면이 단단한 사람은 혼자만의 시간을 즐기고, 남의 이야기나 겉모습에 치중하지 않는다."라는 여러 전문가의 글들을 보며, 또한 뭔가 작심하고 이루려는 사람은 고독과 친해져야 한다는 내용에도 수긍한다. 무엇에든 휩쓸리는 마음이 많으면 휘청거리다가 허망한 결론이 나기 때문이다. 나의 농사도 혼자만의 시간을 활용했기에 지금에 이른 것임을 확신한다.

이제 귀농 11년 차가 되었다. 한 가지에 꽂히면 반드시 해내고야 마는 뚝심과 열정 덕분이었을까? 시작부터 지금까지의 과정을 돌아보니 겁대가리도 없이 시작하여 맨땅에 헤딩하였지만 그럼에도 어느 정도는 뜻대로 된 것 같다.

서울 강남에서 공직자의 부인으로 순탄하게 살던 내가 과거에 누리던 체면, 안정적인 생활 등은 잊은 채 날품팔이 같은 알바를 하면서 복숭아 과원 주인장으로 자리 잡은 데에는 불굴의 독립의지가 주효했지만, 몸에 밴 부지런함과 불필요한 소비를 하지 않는 검소함도 한몫한 것 같다. 돈은 버는 것보다 관리하고 쓰는 것이 더 중요하다고 하지 않던가?

내가 유흥이나 사교를 즐겼다면 농사와 돈 버는 일에 집중하기는 어려웠을 것이다. 다행히도 성향이 마이 페이스형이기에 남들과 비교하지도 눈치 살피지도 않으며, 나만의 원칙을 철저히 지키고 시간, 돈, 에너지 낭비를 허용하지 않았다. 가까운 사람들과도 서로 돕되 선을 넘지 않으니 인간관계 스트레스를 불러들이지 않은 것 같다.

완전연소 하는 나의 일상

① 시간을 내 맘대로 쓴다.
달밤에 체조를 하든 비를 맞고 댄스를 하든 그건 내 맘이다.

② 남 눈치 안 본다.
직장에서는 사람 스트레스가 이만저만이 아닌데, 농사는 1인 기업이든,
법인체이든 제각각이라 눈치 볼 것 전혀 없다. 물론 태생적으로 어딜 가나
눈치 보는 사람은 예외다.

③ 남과 비교하지 않는다.
굳이 비교하려면 안 할 것도 없겠지만, 대체로 개성과 자유로움을 즐기는
사람에게 남들과의 비교는 무의미하다. 그저 내 서식지만이 영역이 되면
살기 좋다.

④ 소비 자체가 수월하다.
명품을 걸쳐도 짝퉁이라고 볼 테니…. 그런 거 필요치 않다. 농기계 고급품에
확 눈 돌아가지만 않는다면 그다지 소비에 치중할 일이 없다.

⑤ 농사로 운동은 자동으로 되니 근력, 수면 등 건강의 질이 좋아진다.

⑥ 숨 쉴 마당이라도 있으니 도시보다 낫다는 생각이다. 맑고 청량한 공
기만 해도 어딘가?

⑦ 부지런하면 굶어 죽을 일이 없다. 마을마다 일손 부족 사태인 데다,
하루 일하면 한 달 양식은 충분하다. 자급자족할 자신만 있다면 말
이다. 무슨 일이든 수익 대비 투자를 하면 손해 볼 일은 없다.

사람마다 취향이 달라 정답은 없다지만, 유유자적하는 시골 삶이 좋으면 나머지는 차차 해결되지 않을까?

- 2023년 귀농 카페 '곧은터' 우물가 정담 중-

요즘은 새로 태어난 기분으로 지낸다. 70살이 가까운 나이에 무슨 청춘으로 환생했나 싶지만, 인간은 끊임없이 도전하며 자신의 가치를 확인하며 사는 존재가 아닐까? 나의 작은 농장조차도 기쁨과 환희로 가득 찬 정원, 즉 희도원(喜桃園)이다.

일하면서 고단하고 괴로워 그만할까 싶은 유혹을 느낀 적도 있고, 소소하게 다치기도 했지만 온전히 내 뜻으로 시작한 만큼 중간에 멈출 수는 없었다. 또한 여기까지 오면서 회색빛 도시에서는 보기 드문 활기를 자주 느끼고, 순간순간 작은 행복을 접하니 귀농으로의 새로운 시작은 잘한 선택이다.

무엇보다 농사란 자연과의 대화로 시작되는 작업이다. 밤새 새롭게 자라난 풀잎과 꽃잎, 나무순 등을 보며 생명의 신비를 느낀다. 인간들의 생채기도 자고 일어나면 이렇게 새살이 돋아 치유되는 것이겠지 생각하면서 자연의 위대함을 새삼 느낀다.

어쩌다 만나는 친구들은 "네가 뭐 『인형의 집(입센의 소설)』 '노라'라도 되는 거냐?"라고 장난스럽게 말하는데, 한국의 전업주부치고 한 번쯤 노라가 되어보고 싶지 않은 사람이 얼마나 될까? 다만 새로운 삶의 개척을 위해 용기와 실행력 그리고 익숙한 것들을 얼마나 떨쳐내고 어려움을 돌파할 수 있느냐가 관건이 아닐까?

남편은 아직도 넋두리하듯 "이까짓 거 버리고 서울로 올라오면 안 되느냐?"라고 하는데, 그럴 리가 있나? 어떻게 마련한 일터와 사업장이고, 보금자리인데…. 더구나 남편이 전혀 동의하지 않았던 귀농을 하고 보니 본의 아니게 단출한 미니멀 라이프를 실천하며 내면의 풍요를 누리고, 꿈의 미래를 설계하고 있다는 것을 여태 그는 헤아리지 못하는 걸까?

나의 억척스러운 노력을 하늘이 돕는 걸까? 일이 제법 순조롭게 풀리는 것 같다. 최근에는 평소에 눈독 들이고 있던 맞은 편의 반듯한 밭을 사서 봄에 감자를 심고 가을에 서리태 콩을 심었다. 농사 규모가 커졌으니 체력이 무리가 가지 않는 범위에서 일하려고 계약 재배 등으로 일손을 줄이고 있다.

이제 농장도 자리를 잡아가니 머지않아 기쁨의 도원(喜桃園)을 바라보는 자리에 아담하고 아름다운 집을 짓고 실내에 무대를 연출하여 고전무용을 한판 멋들어지게 춰볼까 한다. 젊어서부터 20년간 배워서 남에게 가르칠 정도는 된다. 더 공부하고 싶었으나 그 세계에 몸담고 전문인으로 나서기에는 지난한 과정의 고달픔이 예상되기에 취미로만 남겨두기로 했던 특기이다. ♣

예비 귀농자의 궁금증 해소를 위한 Q&A

Q. 귀농 당시 귀농 관련 지원금이나 융자금을 받지 않았나요?

A. 귀농자금은 받지 않았습니다. 저리(低利)라고는 하지만 이자가 아까웠고, 모든 면에서 열악하게 시작하였기 때문에 모든 비용을 줄여야 했습니다.

Q. 무연고 지역으로 귀농하셨는데 지내기는 어떠셨는지, 이웃 사람들과 융화하는 노하우는 어떻게 습득하셨나요?

A. 처음에는 절박하게 생존해야 한다는 일념에 주변을 신경 쓸 여력이 없었습니다. 차츰 이웃 사람들과 일정 거리를 유지하며 말을 조심하고, 예의 바르게 행동하니 별 탈이 없었습니다.

그리고 농촌 일자리 단기 알바가 농업인들과 친해지고, 정착하는 노하우와 기타 유익한 정보를 얻는 계기가 되었습니다.

Q. 작목 선택에 고민을 많이 하셨나요?

A. 처음에 시골에 왔을 때는 그냥 시골에서 먹고살면 된다는 생각이었는데, 여러 가지 농사 일손을 도우면서 귀촌에서 귀농으로 굳히게 되었고, 제게 맞는 작목(복숭아)을 발견하였습니다. 복숭아나무가 제 키에 작업하기 적당하다는 것도 한몫했습니다.

Q. 고전무용의 꿈을 아직도 갖고 계신데 구체적인 계획은?

A. 조만간 복숭아밭 앞에 집을 2층으로 지을 계획이고, 2층에 고전무용 교습소 비슷한 것을 차리고 지인이나 마을 사람들의 여가 생활을 돕고 싶습니다.

3.
직선에서
곡선으로!

대상자: 박동화
귀농 시기: 2017년
전직: 직업군인
귀농 동기: 장년기 창업
생산품: 하우스 상추(로메인)
농장명: 라온농장

이
야
기

순
서

보안회사 근무

육군사관학교를 졸업하고 32년간 자랑스러운 대한민국의 군인으로 살다가 50대 중반에 예편한 나는, 바로 가까운 후배가 운영하는 보안회사에 들어가게 되었다. 그 후배는 진작부터 내게 자기 회사에 와서 도와주기를 부탁했었고, 보안이나 보훈 분야는 부대에서 주요 업무를 두루 섭렵한 전직 군인이라는 경력과도 어느 정도 맞는 일이기도 했다.

보안회사에서 부사장직을 맡으면서 후배와 둘이 윈윈 하자고 하였고, 나는 타고난 근면함과 뚝심을 발휘하며 입술이 부르트도록 일하였더니 이런 정성과 노력이 도움에 응답하듯이 1년이 지나니 회사의 규모는 제법 성장하였다.

그러자 대표인 후배는 회사를 조직 개편하면서 나의 거취 문제를 놓고 고민하는 내색을 했다. 결국 운영상 애매해진 나의 자리를 거론했다. 회사에 지분이 별로 없었던 나는 문득 TV에서 흔히 볼 수 있는 장면이 떠올랐다. 가까워 보이는 사이도 이해관계 앞에서는 엇갈릴 수 있다는 드라마 같은 상황이다.

규모는 작았지만 함께 의기투합하면서 순탄하게 굴러갔는데, 이익 추구라는 회사의 속성상 형편이 달라지면 함께 몸담은 사람 관계도 변할 수 있다는 것을 뼈아프게 실감하였다.

그러나 가능한 한 내가 처한 상황을 제3자 입장에서 보다 냉철하게 생각하려고 노력했다. 그 후배에게 그동안 말 못 할 고민이 있었거나 나도 일에 몰두하느라 그의 사정과 심중을 미처 헤아리지 못한 측면도 있었을 것이라고 여겼다.

장교로 시작한 군대에서 관리자와 지휘관의 길을 두루 거쳐 온 나에게 예편 후 바로 몸담았던 회사에서의 일은 신이 났고, 성과는 빛이 났으나 입지가 흔들리고 있었다. 일 년 동안 업무에 열중하고 엄청난 애정을 쏟았던 곳인데, 갑자기 예기치 못한 상황에 접하게 되니 자괴감과 허탈감에 휩싸이면서 회사를 떠나기로 결심했다.

흔히 사람들은 공무원, 특히 군인은 사회에 나가면 할 게 마땅치 않다는 말을 한다. 평생 상명하복의 지휘체계와 위계질서에 익숙한 군인들과 그곳의 종사자들만 대하고 살아와서 대체로 고지식하다는 뜻이다. 그렇게 원리원칙의 자세가 몸에 배었기에 편법과 권모술수가 판치는 정글 같은 사회와 각양각색의 인간군상에 어둡다고 한다. 나도 예외는 아니었을 것이다.

군대 울타리 밖 세상을 잠깐 접하면서 무력감, 복잡다단한 인간의 속성에 대한 회의감이 들었지만, 예편하자마자 인생의 한 면을 알차게 공부한 셈으로 여기고 쿨 하게 잊기로 했다. 보안회사 근무를 통해 이 나이에, 나의 커리어로, 남과 함께 또는 남의 회사에서 일한다는 게 녹록지 않다는 것을 깨닫는 계기가 되었다.

50대 중반이라는 나이

　　　『4050 후기 청년』라는 책에는 중년은 외로움, 절망, 우울, 하강 등이 득세한다는 고정관념과 달리 '인생의 새로운 장을 여는 기대와 설렘, 도전과 열정이 나타난다'는 다양한 연구 결과가 있음을 제시하며, 중년 시기에 대한 고정관념이 허상에 지나지 않음을 밝혀낸다.

　또한 이 책에서는 50대부터 75세까지를 후기청년이라고 한다. 이제 겨우 후기청년의 신입생에 불과한 나는 연금으로 생활하기에 큰 불편은 없었으나 생업을 손에 놓고 뒷방 늙은이로 살아가기엔 나이가 애매하고 왠지 서운했다.

　선진국에서는 정년이 70세 가까이 되고, 80대가 되어도 건장한 체력으로 일을 한다. 그러나 한국에서는 대부분 60살이 되면 공식적으로 경제활동 전선에서 떠나게 된다.

　6.25전쟁 후 거의 세계 최빈국이었던 당시 대한민국은 시급한 경제개발을 위한 인력 양성을 위해 나라에서 자식 많이 낳는 것을 권장하면서 인구가 급격히 늘어났다. 1950년대 중반부터 1970년대 중반까지 연간 출생인구가 100만 명 안팎이 되면서 이 시기에 태어

난 사람들을 베이비붐 세대라는 용어로 규정하게 되었다.

그들은 1차에서부터 3차에 이르는 경제개발 계획의 붐을 타고 눈부신 국가 산업 발전의 역군으로 활약하였고, 어느 정도 경제적인 안정도 일군 세대이다. 그러나 경력이 쌓이고 조금씩 여유를 갖게 되는 장년에 접어들면서 후배와 젊은이들에게 자리를 넘겨주어야 했다. 아직도 짱짱한 체력으로 한창 일할 나이에 사회를 떠나야 하는 현실에 맞닥뜨리게 되고, 이로 인하여 은퇴도 한꺼번에 몰리는 현상을 직면하게 되었다.

초고속 성장에만 주력해 온 한국은 초고령사회에 대한 대비가 부족하여 중·장년 인력이 사장(事障)되고 있다. 특히 베이비붐 세대가 50대 중반이 되면서 은퇴러쉬가 이어지니 교육전문가들의 고민이 깊어지고 있다.

그들은 "건강한 은퇴자의 재취업 시장을 활성화하도록 제2의 직업을 찾을 수 있는 노후 준비 교육이 제공되어야 한다. 좀 더 적극적인 방법으로는 학령기 학생 교육을 체계적으로 제공하듯 노인 재취업을 위한 패키지 정책이 필요하며, 장기적으로는 사회적 합의를 통해 정년 연장도 고려해야 한다.[1]"라고 강한 주장을 내놓고 있다. 이렇듯 현재의 출산율 저하 문제가 심각한 것 못지않게 인구의 30%에 가까운 베이비붐 세대의 일자리 대책도 시급하다.

나의 경우는 적당히 아끼면서 연금으로 소일할 수는 있지만, 건강만 하면 100세까지 사는 시대의 장년기 삶이 너무 무의미하다 싶

---

1) 2024. 1. 17. 『이데일리』 기사, 발제자: 나승일, 현 서울대 산업인력개발학과 교수

어 뭘 할까 한참 고민하였다. 평생 현역은 건강하고 팔팔한 장년과 노년의 로망이다. 중·장년 일자리센터에서 뭔가 배워볼까도 생각했다. 그러나 대한민국의 일자리 현실은 중·장년은 어디에 쉽게 취직할 나이는 아니고, 파트타임이든 프리랜서든 오라는 곳도 드문 실정이다.

자영업을 하자니 군대 밖 세상은 어두운 데다 리스크가 너무 커 자칫 퇴직금마저 까먹을 수 있다는 주변의 우려에 선뜻 나설 수도 없었다.

장년기 창업

　　이런 와중에 딸의 시아버지이며, 같은 군인(공군) 출신인 사돈이 귀농을 권유하였다. 농업도 일종의 자영업이지만, 몇 년만 고생하면 자리 잡고 토지가 밑천이라 완전히 들어먹는 경우는 드물다고 말하였다. 평소에도 자주 소통하였고, 귀농 후 5년이 지나 안정된 운영을 하고 있는 그의 제안에 솔깃했다.

　사돈은 논산시 연산면에서 하우스 상추를 재배하는 선배 농업인으로서 내게도 자기와 똑같은 작목인 하우스 상추를 권했다. 또한 상추 농사를 위해 적당한 땅을 물색해 주고 농사 창업의 절차, 재배 기술 등을 차근차근 알려주었다.

　논산시는 딸기 주산지인데 뜬금없이 상추냐고 물었더니 그는 주산지의 작목을 재배한다는 것은 안정적일 수 있으나 어쩌면 레드오션 속에 들어가는 것이라고 했다. 그 지역의 특성화된 작물에 대해 지자체에서는 지원도 많겠지만, 그만큼 그쪽의 요구나 기대가 적잖고 거대한 생산자 조직에서 활동하기란 복잡하지 않겠느냐고 했다.

　대신 우리가 새 작목을 개척하는 선구자가 되어보면 어떻겠냐고 하였다. 또한 상추 출하는 밥상에 항시 오르는 일반 작물이라 수요가 일정한 편이라 소비자 선호도의 변화에 따른 부담이 적다. 그의 설득력 있는 견해는 나의 귀농 욕구에 불을 붙였다.

과거 로마인이 즐겨 먹었다고 해서 로메인이라고 이름 붙은 이 상추는 일반 재래종 쌈 채소보다 쓴맛이 덜하면서 즙이 많고, 고소하고 달며 부드럽고 아삭한 식감을 갖는다. 또한 칼로리가 낮아 적은 양으로도 포만감을 주니 다이어트에도 좋다 하여 특히 젊은이와 여성들의 사랑을 받는다고 한다. 더구나 쉽게 무르지 않는 특성이 있어 햄버거, 핫도그나 샐러드 속 재료로 들어가고, 물김치로도 담는 등 활용 범위가 넓은 식재료이다.

다만 이런 럭셔리한 로메인 상추는 재배하기가 일반 상추보다는 좀 까다롭다고 했다. 수려하고 당당한 모습으로 운치와 품위를 한껏 자랑하는 소나무가 토질과 기후를 타고 키우기 까다로운 것처럼.

그리고 아무리 인기 있어도 농산물이란 판로가 중요한데, 로메인 상추는 계약 재배 방식으로 운영한다. 하우스에서 상품성 있는 상추를 바로바로 수확하고 온채조합을 통하여 출하하면 백화점이나 대형 마트에 비교적 고가로 납품되니 재고가 쌓이는 것을 염려하지 않아도 된다.

여러 가지를 검토하고 심사숙고 끝에 드디어 멘토인 사돈의 권유를 흔쾌히 받아들이기로 했다. 평소 꽃을 좋아하고 전원생활을 꿈꾸던 아내도 오래전부터 기다렸다는 듯이 귀농을 찬성했다. 더구나 논산시 연산면은 사돈이 일찌감치 자리 잡았으니까 문제가 생기면 신속한 대응이 가능하고, 위험부담을 줄일 수 있다는 판단에 그가 하자는 대로 따라 하기로 했다.

논산시 연산면에 땅을 구입하고, 50대 은퇴자에게 적정 규모인 1,100평의 땅을 사서, 하우스 4동을 짓고 반자동 제어 시설, 저온 저장고 등을 설치하느라 모아놓았던 목돈을 쏟아부었다.

4개 동의 하우스에 하절기에는 35일, 동절기에는 100일의 생육 기간을 가진 로메인 상추를 수확 시기별로 나누어 식재하였다. 즉 한 동에서 수확하고 나면 며칠 기다렸다가 옆 동으로 가서 수확하는 식으로 지치지 않을 만큼 작업을 하고 있다. 대부분 아내와 내가 한나절 정도 일하는데, 집안에 급한 일이 생기거나 갑자기 수확량이 많을 때는 근로자를 부르기도 한다.

일이 끝난 오후에는 가까이 사는 손주들을 돌보고, 운동도 한다. 이렇게 아담한 규모를 가진 1인 기업인, 농장주의 일상은 비교적 단출하다.
그리고 농사일 때문에 몸이 묶인다는 것은 옛말이다. 반자동 방식이라 운신이 비교적 자유롭고, 외출할 때는 시간제 근로자에게 맡기니 지인들 만나 식사하고, 운동도 하고 가족들과 여행하며 여유롭게 지낸다.

하우스 인 하우스

　　귀농을 결정하면서 상담차 찾아갔던 농업기술센터 모 과장은 처음 귀농하여 농사지을 때는 집과 농장이 멀면 관리가 어렵다고 하였다. 그래서 자리 잡으면 새집 짓고 살더라도 당분간은 하우스 안에 거주지를 마련하는 게 어떠냐고 제안했다.

　　최근 조립식이나 이동식 주택에 대한 규제가 완화되고, 근로자를 위해 하우스에 농막 형식의 거처를 마련해 주어야 한다는 게 근로자를 운용하는 농업인에 대한 요구 조건이기도 하다.

　　특히 농사는 폭우, 폭설, 강풍 등 재해에 취약하므로 신속하게 대응하려면 가까운 곳에 거주하는 게 기동성, 위기 대응 측면에서 효율적이다. 우리 입장에서도 하우스 안에 작은 거처를 마련하는 게 합리적이라는 판단에 아담한 농막을 마련하였다.

　　우리가 산 땅에는 4개의 하우스 외 하천 쪽 둔덕에 삼각형 모서리 땅을 포함하고 있었다. 남들은 그곳을 경지 효율이 떨어지고 계륵(鷄肋)같이 쓸모없는 땅이라고 괜히 산 거 아니냐고 했지만, 아내는 그 자투리땅에 유독 눈독 들였다.

　　바닥을 평탄하게 다지고 야생화밭을 일군 작은 쉼터에 방부목 벤치와 테이블을 설치하고 아치 모양의 지붕에 포도나무 그늘도 만들었다. 그중 좀 넓은 공간에는 네댓 평이 될까 말까 한 이동식 하우스를 갖다놓고 아내는 자기만의 공간이라면서 여가를 즐긴다. 때로 먼 곳에서 지인들이 찾아오면 행복 나눔을 하듯 그 공간을 게스트 하우스로 내어주기도 한다. 자연도 사람처럼 가꾸기에 따라 모습이 천양지차가 된다는 것을 느끼게 한 길옆 모퉁이 땅이다.

대부분 군부대가 거의 시골이나 산간벽지에 있어 군인 가족들은 은퇴하고 나면 도회지 생활을 하고 싶어 하는데, 아내는 천상 전원 체질인가 싶다. 과거에 근무지가 바뀔 때마다 여기저기 옮겨 다니며 살아야 하는 고단함을 호소했었던 아내의 생기발랄하고 뿌듯한 표정을 얼마 만에 보는 것일까? 자연은 이렇게 사람을 힘 나게 하는 모양이다.

이렇게 하여 우리 농장에는 안에도 아담한 집이 있고, 입구 쪽 길가에도 조그만 거처가 있다. 농촌에 들어와 산다는 것은 삭막하고 경직된 군부대만 누비고 살아온 나는 물론 아내에게도 새로운 기쁨과 보람 그리고 해방감을 안겨주었다.

이주민 마을

     흔히들 귀농, 귀촌을 하게 되면 새롭게 마주해야 하는 원주민, 토착민들과의 관계에 어려움을 겪는다고 한다. 그들과의 사고방식, 가치관, 생활습관의 차이에 따른 매끄럽지 못한 소통은 물론 토착민들의 외지인에 대한 경계심과 배타성을 돌파하기란 그리 만만치 않다는 의미다.

  농촌이 특히 폐쇄적인 이유는 대대로 집성촌을 이루고 살아왔기에 유교적인 위계질서를 바탕으로 집안을 통솔하는 어른들의 뜻을 모시고, 집안의 체통과 권익을 위해 윗사람을 받들고 순종하는 가운데 그들만의 법칙과 질서가 존재하기 때문이다.

  그런 와중에 그들 눈에는 '어디서 무엇을 하다가 굴러 들어온 지도 모르는 이방인'이 나타나면 방어 본능부터 앞서고, 의혹의 눈길로 바라보는 게 자연스러운지도 모른다. 처음부터 경계심을 갖고 대하는 토착민의 시선은 이주민에게 대체로 너그럽지 않게 작용한다.

  이러한 풍토를 알기에 이주민 중에는 농촌에 들어와 솔선수범하여 이장일도 맡고, 온갖 대소사를 챙기며 가까워지려고 노력하는 사람도 있었다. 그럼에도 한쪽의 노력은 공허하게 결론이 나는 경우가 많으니 상대방의 철벽방어 자세와 막무가내의 이기심에는 누구도 당할 도리가 없기 때문이다.

그러나 세상은 조금씩 변하기 마련이다. 내가 터를 잡은 곳으로부터 멀지 않은 곳인 사포리 1구는 12개의 성(姓)을 가진 이주민들로 형성된 작은 마을이다. 여러 형편과 사정으로 성이 다른 이주민들이 조금씩 사포리에 정착하면서 여러 고충을 감내했을 그들은 원주민과 원활하게 지내고 있었고, 새로 이주민이 들어오면 반기며 정착할 수 있도록 여러 팁을 준다. 그래서 나는 외지인으로 들어와서도 특별한 어려움을 겪지 않았다.

이렇게 개방적인 풍토를 가진 마을 사람들이 토착민과 이주민 사이의 가교역할을 해주는 농촌이라면 귀농, 귀촌인에게는 축복이고 버팀목이 된다. 나는 지역 선택을 잘한 덕분에 원주민들과 친밀감을 형성하면서 텃새 같은 것은 전혀 느끼지 못하고 정겨운 고향 땅을 밟는 것처럼 푸근하다.

또한 농사를 시작하며 이것저것 설비하고 재배를 익히는 데 골몰할 때, 마을로부터 좀 떨어져 있는 나의 농장은 물리적인 거리상 사람 접촉이 많지 않고, 행정적으로 공지할 일이 생기면 방문하는 이장님 외엔 호기심에 일부러 찾아오는 마을 사람들은 거의 없었다. 그러는 사이 일정 거리를 두면서 그 지역의 풍토와 성향을 익히는 데 충분한 시간이 확보된 점도 다행이다 싶다.

그래도 이 온화하고 아늑한 고장에 들어와 행복을 누리며 살고 있는 사람으로서 지역민에게 고마움을 표현하고 싶었기에 연초나 명절에 면 소재지에 행사가 있으면 어르신들을 찾아뵙고 정중히 인사를 드린다. 토착민들인 어르신들은 나의 귀농에 더욱 우호적이고 자기들만의 노하우를 건네주기도 한다. 절대로 깨어지거나 움직이지 않을 거대한 바위라 여겼던 시골의 폐쇄적인 풍토도 세월의 흐름만큼 조금씩 유연해지고 있음을 느낀다.

놀뫼에 피어나는 우애

　　　　놀뫼는 용어풀이 하면 "누런 뜰과 산이 펼쳐지는 곳"이라는 의미이며, 예술적 감각을 가진 사람에게는 '노을이 아름다운 지방'이라고도 불린다. 역사적으로 유래를 찾아보면 '놀뫼(황산벌)'는 백제 시대 계백 장군이 신라와 전투가 치열했던 논산시 연산면 일대를 일컫는 지역으로, 바로 내가 정착한 곳이다. 이런 전투의 역사를 반영한 듯 주변에 계룡대나 국방학교가 있어 군인의 기상이 서린 고장이라고도 할 수 있다.

　이렇게 논산시의 정체성을 잘 드러내는 놀뫼에 이주하고부터 언제부터인지 예전의 동료와 후배들이 모여들었다. 직장인들은 퇴직하면 보통 현직 시절의 사람들과는 거리를 두고 그다지 어울리지 않는 경우가 많다. 직장이란 조직은 먹고살기 위해 만난 이익집단이고, 상호경쟁적인 분위기 속에서 지내다 보니 갈등이 생기거나 속으로 가슴앓이를 하는 경우도 많다. 감정의 상흔 등으로 인해 지속해서 순수하고 끈끈한 인간관계를 형성하기가 쉽지 않다는 의미이다.

　그러나 엄격한 규율 속에 고된 훈련을 함께하고 긴박감 속에서 때로는 사선을 넘나들며 치열하게 살아온 군인들은 다른 것 같다.

군인정신을 함께 나눈 동료의 의리와 동질감은 평생 잊기 어렵고, 오래 갈 수밖에 없는 모양이다.

십수 년 전 계룡대에서 5년간 근무하였는데, 나의 농장 주변에 있는 그 부대에는 그때 함께 근무한 후배들이 남아있다. 선배를 깍듯이 모시는 위계질서로 무장된 후배 군인들을 든든하게 느끼면서 내가 과연 외지에 귀농한 게 맞나 싶을 때가 있다. 또한 그때 익혀 둔 주변 마을 사람들은 돌아온 내가 농사로 정착하는 데 많은 조언을 주기도 했다.

귀소본능의 발로라고 해야 할까? 전역(轉役)한 군인들이 군부대 가까운 논산시와 계룡시에 모여들고, 하나둘씩 옛 동료들이 터 잡고 있어서 마치 고향 사람 같은 그들과 만나면 지난 에피소드를 되새기면서 묵은 정을 나눈다.

다른 직업군에서는 보기 드문 끈끈한 우애를 실감하며, 오랜 군인 생활이 때에 따라서는 큰 자산이 된다는 것을 새삼 깨닫는다. 또한 군대 밖에서 만난 그들에게 예전에는 미처 몰랐던 재능과 식견 그리고 푸근한 인성을 발견하면서 "자세히 보면 더 아름답다."라는 어느 시인의 글귀가 새삼 떠올랐다.

장년이라는 나이에 나를 반기는 후배가 있고, 반평생을 동고동락한 동료들을 만날 수 있다는 것은 인생 후반에 즐거움이 아닐 수 없다. 함께 소주잔을 기울이면서 즐겁게 정담을 나누고, 이제는 뭔가 할 일을 찾아보고 싶다는 동료들에게 농담 반 진담 반으로 "그럼 나처럼 귀농해 봐."라고 권하는 술자리는 흥겹기만 하다.

골프를 잊게 하는 것들

　　　　　주한미군이 주둔하면서 붐을 일으킨 골프는 비즈니스나 사교를 위해 필요하다는 그럴듯한 이유로 이미 대중화된 운동이며, 한 번 맛 들리면 중독성이 강하다고 한다. 나도 군인 신분일 때는 부대 동료나 후배, 선배들과 골프를 많이 쳤다. 답답하고 지루한 부대 생활 중 푸른 들판을 가르는 맑은 공기를 마시며, 지인들과 대화를 나눌 수 있는 골프는 군인들에게 해방구이기도 하였다.

　논산시가 군부대를 끼고 있는 고장이니만큼 가까운 골프장이 여러 군데 있는 이쪽에 와서도 간간이 지인들과 라운딩을 즐긴다. 그러나 농사에 몰두하다 보니 지인들과 일정을 맞추기가 어려워지며 차츰 골프공은 점차 나의 관심으로부터 멀어졌다.

　골프 대신 농사에 중독된 것일까? 처음 농사지을 때 식물의 생리를 세세하게 모르는 나는 상추 색을 예쁘게 하려고 햇빛에 많이 노출하여 하우스 1동의 상추를 통째로 고사(枯死)시킨 적이 있다.
　그래도 사람과의 관계에서 생긴 일이 아니고, 나의 불찰 또는 무지 때문이다. 누굴 원망하거나 스트레스받을 일이 없으며, 문제점은 찾아서 개선하면 된다. 세상살이도 농작물을 키우듯 내 탓은 아닐까를 먼저 생각하면 문제도 가볍게 여겨지고, 해결책도 선명하게 찾아지는 것 같다.

상추는 워낙 연하다 보니 손길을 슬쩍 스치기만 해도 상처를 입거나 토양 성분, 바람, 채광 상태에 따라 더러 웃자라거나 부진한 녀석들이 있었다. 낮 동안에 안녕하지 못한 상추를 확인한 날 불안감을 지닌 채 자고 일어나면 그 녀석들, 아픈 손가락들에게 제일 먼저 달려간다. '내가 뭔가 소홀했구나. 방심해서 너희들이 이 고생을 하는구나.' 하고 자책하면서 반드시 잘 살아내기는 바라는 소망으로 정성껏 돌본다.

어느덧 주인의 마음을 헤아린 걸까? 식물은 주인의 발자국 소리를 듣고 자란다는 말이 있다. 언제 시들했었냐 싶게 다시 싱싱하고 꼿꼿한 줄기를 드러내는 미물들을 보면서 이것들도 사람의 심정을 읽어내는가 싶어 기특해졌다.

이렇게 분신인 양 정성과 애정을 쏟다 보니 골프 모임에 덜 나가게 되었지만, 그렇다고 해서 소외감이 들거나 서운하지는 않다.

자연에 마음을 빼앗길 수 있다는 것이 도회지에서만 살아온 사람에게는 유치하게 들릴지 모른다. 그러나 순수한 것에는 누구라도 빨려들어 갈 수밖에 없다. 그것은 그 자체가 강한 힐링 효과를 주기 때문이다.

반면 사람끼리는 변수가 많다. 너무나 다른 개성체들은 각각의 형편과 다양한 상호관계 속에서 의도와는 상관없이 상처와 스트레스를 주고받는다. 한때는 좋았던 사람끼리도 예기치 못한 상황에 부딪히면 거리감이 생기거나 멀어지기도 한다. 더러는 탐욕 덩어리들에 배신을 당하고 분노에 떨면서 불면을 밤을 보낼 수도 있다.

그러나 자연은 이렇게 멍울진 가슴의 통한을 가라앉게 하고 생채기가 난 마음에 새살을 돋게 한다. 사람이 정성을 쏟은 것보다 훨씬 많은 것을 돌려주는 자연에게 수많은 사람이 흠뻑 빠져서 지치면 어머니 품을 찾듯 자꾸 농촌을 파고드는 게 아닐까?

자연에 보답하고 싶은 마음이 들어 나의 하우스에 온종일 클래식 음악을 틀어놓으니 미물들도 음악의 감흥을 아는 건지 상추는 더욱 연녹색 광채를 드러내며 싱그럽게 자라나고, 개와 고양이조차 잘 짖지 않고 얌전하게 앉아있다.

20여 년 전쯤 'Green Culture'라는 재배법이 유행한 적이 있다고 한다. 식물에게 음악을 들려주면 아름답고 순화된 에너지를 흡수하여 잘 자란다는 재배법이다. 그린 컬처의 효과에 대해 계량화하여 검증된 자료가 있는지는 모르지만 모든 생물에게 주인이 제공하는 긍정적이고 따뜻한 메시지가 식물에게도 이심전심으로 전달되지 않을까?

곡선의 삶 속으로

　　　　물의 철학자 노자는 직선보다 곡선의 미학과 멋을 구가하였다. 그는 성과와 목표 추구, 지나친 경쟁 등으로 일관되는 직선의 삶보다 여유와 너그러움 그리고 풍요로운 사색을 가능케 하는 곡선의 삶은 점차 사람에게 안식처를 마련한다는 걸 설파하였다.

　한 치의 오차도 허용하지 않는 규격화된 조직인 군대에서는 직선을 삶을 살았고, 자연과 식물과 함께 유유자적하는 지금은 곡선의 삶을 살게 된 것이다. 군에 있을 적에는 직무와 계급만 보였고, 긴장감 속에 앞만 보는 순간들이 있었을 뿐이다. 그러나 농촌에 들어와 보니 느릿해 보이는 일상 속에서 자연환경과 동물들, 사람들과 소통하게 되고, 아름다운 자연의 정취에 감탄하게 된다.
　군인 신분일 때는 폐쇄적인 조직 속에 군인들, 부대 관련 종사자만이 서로의 고객이었다. 그러나 이제는 생존하는 동식물은 물론 노인이든, 젊은이든 누구라도 나의 반가운 고객이 되는 너른 들판을 우리 집 마당인 양 향유하고 있다.
　어느 날인가 구불구불한 시골길을 천천히 운전하다 보니 등이 굽은 데다 걷는 게 쓰러질 듯 불안한 할머니의 안쓰러운 발길이 고단해 보인다. 얼른 다가가 어디까지 가시느냐고 묻고 내 차의 뒷자리에 정중히 모신 적이 있다. 이 작은 배려가 금세 노인회관 같은 곳에 소문을 난 것인지 마을의 한 어르신은 (당신들보다는) 젊은 사람들이 자꾸 농촌에 들어와야 사람 사는 맛이 난다고 하며 흐뭇한 표정을 지었다.

전원에서 8년째 살아보니 앞만 보고 여유 없이 달릴 때는 보이지 않던 것들이 새롭게 다가온다. 군부대의 경직된 분위기로 인하여 좀 더 느긋하고 세련되게 처리하지 못했던 일들이 떠오른다. 그때는 비록 그것이 최선이라 여겼지만, 지금이라면 더 잘했을 텐데 하는 아련한 아쉬움이 생기기도 한다. 이제는 일상의 쉼을 통해 느리게, 천천히 생각하면서 우리 인생에 소중한 가치들을 찾아가는 여정을 만들어 가고 싶다.

노을이 특히 아름답다는 우리 마을은 '놀뫼'라는 옛 이름이 명불허전(名不虛傳)임을 실감케 한다. 노을은 울퉁불퉁하게 요동치는 사람의 마음을 차분하게 가라앉히고 보듬으며 치유의 빛으로 감싸 안는다. 또한 무채색의 스케치에 아름다운 색을 입힌 수채화처럼 삶의 발자취를 낭만적으로 되새김질하고 관조하게 하는 여유를 제공한다.

하우스 작업을 끝낸 저녁나절에 잘 익은 홍시를 연상케 하는 노을이 어느새 손님처럼 다가와 앞산에 걸쳐 있다. 들판까지 황홀하게 물들이고 있는 저 검붉은 열정 덩어리는 마침 후기 청년기를 살고 있는 내 삶을 아름답게 채색하고 있다. 내일 다시 떠오를 붉고 힘찬 해처럼 활력 있게 살아갈 힘과 용기를 주듯이. ♧

예비 귀농자의 궁금증 해소를 위한 Q & A

Q. 작목 선정에 무엇을 주로 고려하셨나요?

A. 무엇보다는 안전한 판로가 중요하다고 생각했습니다. 특별한 작목은 초보자에게 리스크가 크니까 먼저 귀농하여 안착하였고, 신뢰할 만한 멘토가 권하는 대로 정하였습니다.

Q. 귀농지에 막상 멘토가 없을 경우는 어떻게 하면 좋을까요?

A. 대부분 지자체 농업기술센터에는 멘토와 멘티를 엮어주는 사업을 하고 있으며, 그래도 선뜻 작목을 정하기 어렵다면 귀농자를 위한 각종 교육을 받으러 다니다 보면 적절한 귀농 팁이나 선배를 만나게 될 겁니다.

Q. 재배에 실패하거나 시행착오를 겪으셨을 때 어떻게 대처하셨나요?

A. 일단 연금으로 생활하였고, 실패에 대비하여 복구할 수 있는 여윳돈을 마련해 놓았더니 그것이 보험이 되었습니다.

그리고 채소류는 실패하여도 2모작이 가능하므로 손실을 복구할 기회가 있습니다. 이렇게 농업은 대부분 토지를 지렛대로 한 사업이기에 일반 자영업보다는 위험부담이 적은 편입니다.

Q. 외지인으로 귀농하여 무난하게 정착하는 비결은요?

A. 이왕에 살려고 들어온 농촌이라면 그곳 사람들을 피하지 않고, 예의 바르게 대해야 합니다. 첫인상은 중요하니까요.

또한 그들만의 오랜 전통이나 기술적인 노하우 부분을 인정하고 수긍하는 자세가 필요합니다. 어차피 농사 과정에서 그들의 경험은 큰 스승이 되기도 하니까요.

그러나 더러는 무리하게 친밀감을 형성한다고 너무 노력하다 '호의를 권리인 줄 아는' 상대방을 만나면 오히려 상처를 입는 경우도 있답니다. 그러므로 적정 거리에서 그 지역 특성과 상황에 맞는 처신이 중요한 것 같습니다.

Q. 전직 직업군인이 농사에 도움되는 요소가 있을까요?

A. 기본적으로 규칙을 준수하고 근면한 습성이 배어있기에 농사일을 하는 데 큰 어려움을 느끼지 못했습니다. 더구나 한 가지 주특기에 여러 업무를 두루 섭렵한 군대에서의 경력이 T자형 인간으로 살아가는 데 최적화되어 있습니다. 이런 점들이 농장을 운영하면서 유연성을 발휘하게 하였고, 자세히 보고 동시에 멀리 보는 태도를 갖게 하는 것 같습니다.

Q. 귀농자금을 받으셨나요?

A. 저온 창고를 지을 때 약간의 사업비를 지원받았습니다. 참고로 귀농할 때 부부가 함께 오는 것이 사업 받을 때 점수가 높아 유리합니다.

4.
약용작물로
네이버 판매왕 등극

대상자: 전용호

귀농 시기: 1990년대 말(30대 후반)

전직: 유통업

귀농 동기: 지병 치료

생산품: 약용작물(작두콩, 돼지감자, 여주 등 가공품),
　　　　블루베리, 복숭아

농장명: 무성산힐링온

이
야
기 순
   서

젊은 유통업자

나는 20대 후반부터 초콜릿, 쿠키, 캔디 등을 제과점에 납품하는 식품 대리점을 맡아 젊은 나이에 많은 직원을 거느리면서 돈을 꽤 벌었다. 그러나 자신보다 나이 든 직원들을 통솔하는 일이 그리 수월하지 않았기에 점주이면서도 그들에게 궂은일을 시키기보다는 차라리 내가 해야 마음이 편했던 순진한 청년이었다. 또한 민첩하고 부지런한 성격이라 물품 배송 등을 위한 운전을 스스로 도맡아 했다.

당시 80년대 중후반은 국내 산업이 전반적으로 발전하고 유통업도 성업을 이루던 시기였고, 젊은 패기로 쉬지 않고 일을 하다 보니 돈은 많이 벌었다.

그 후 10년쯤 지났을 때 아끼지 않고 일하던 몸에 드디어 고장 난 시그널이 나타났다. 평소 피곤하다 싶어 미루던 건강검진을 받던 중 간경화라는 진단을 받고 현기증과 엄청난 충격을 느꼈다. 내 나이가 아직 마흔도 안 되었는데, 한참 돈 벌 나이의 가장인데 벌써 간경화라니! 고속도로를 신나게 달리던 차가 목적지의 절반도 안 가서 퍼져버린 기분이랄까?

의사는 더 이상 일을 할 수 없는 상태라는 진단을 내리고, 건강 회복이 급선무라고 덧붙였다. 공기 맑은 곳에서 몸에 좋은 음식을 먹고 충분한 휴식을 취하면서 꾸준히 치료하여 점차 간의 기능을 회복해야 한다고 하였다.

의사의 권고를 생각하면서 멍하게 있던 나는 이젠 모든 걸 다 잃었구나 하는 절망감과 끝 모를 허탈감에 휩싸였다. 그럭저럭 잘 운영하던 생업에서 손을 놓아야 하는 데다 나의 병은 어쩌면 시한부 판정일지도 모른다는 극도의 불안감과 막막함으로 며칠을 멘붕 상태로 허우적대었다. 겨우 정신을 가다듬고 구세주라도 찾겠다는 심정으로 방바닥에 굴러다니는 지역홍보신문을 펼쳐 들었다.

공기 좋고 물 맑은 곳을 찾아야 했다. 또한 주기적으로 치료를 해야 하니 큰 병원이 있는 대전에서 가깝고, 청정 지역이라는 고장을 이 잡듯이 샅샅이 뒤져보았다. 여기저기 관심 가는 데가 있어 몇몇의 후보지를 정해 놓고 심사숙고하였다. 고향인 충북 옥천군도 고려 대상지였다.

그러나 옥천군은 이미 형님이 농사지으며 터를 잡고 살고 있었다. "가까운 사이일수록 일정 거리가 필요하다."라는 누군가의 일리 있는 얘기도 있기에 대전 주변 지역을 물색하다가 때마침 눈에 띈 곳이 공주시 우성면 한천리라는 마을이었다.

다급한 사람은 지푸라기라도 잡고 싶다고 했던가. 의사의 꼼꼼한 처방과 진지한 권유를 떠올리며 마을 초입에 세워놓은 "공기 좋고 물 맑은 곳, 한천리"라는 간판 문구에 꽂혔었나 싶다. 이렇게 지병 치료를 위해 정착하게 된 곳이 충남 공주시 한천리였다.

백제의 고도에서 생기를 찾다

　　　　이사를 결정하고 나서 충남의 기초자치단체 중에서 면적이 가장 넓다는 공주시 전체를 둘러보았다. 백제의 고도(古都)라고 알려진 공주시에 들어섰을 때의 첫인상은 수십 년이 지난 지금도 눈에 선명하다.

　공주는 아늑하고 조용한 소도시이다. 도시를 남북으로 나누고 있는 금강물이 방패처럼 끼고 도는 공산성의 위용과 웅장함은 몇 년 전 구경 가본 일본 오사카 성을 연상시켰다. 공산성 서쪽으로는 백제 왕 중 유일하게 실명이 알려졌기에 유명세를 탄 무령왕릉 외 송산리 고분군이 고대 왕들의 치세를 알리듯 아담한 시내를 지그시 내려다보고 있었다.

　납품하려고 분주하게 다녀간 공주에 이런 절경이 있었나 싶었다. 공산성 성벽을 따라가며 공주시가 품고 있는 고색창연(古色蒼然)함과 자연경관의 수려함에 한참 동안 눈길이 머물렀다. 여기서 생기를 되찾고 오래 살아도 정이 갈 거라 여겼다.

　급기야 1996년에는 무엇에 끌리듯 도로도 제대로 없는 한천리의 맹지 2천 평을 덥석 구입하였다. 아! 건물과 도로만 보이던 회색빛 도시를 벗어나 내가 새롭게 둥지를 틀 곳이 생겼구나. 감회가 남달

랐다. 당시 공주시 우성면 한천리는 사람의 손길이 거의 닿지 않은 불모지였지만, 청정 구역이라고 입소문이 났던 곳이다. 한천리로 들어가면 병이 낫고 새로운 인생이 시작될 것 같은 설렘으로 가슴이 부풀었다. 그래서 십여 년간 젊음과 열정을 갈아 넣었던 사업을 정리한 돈으로 땅을 샀고, 해마다 조금씩 구입하여 지금은 집을 반경으로 한 내 땅이 제법 넓어졌다.

1997년 말 공주로 이주하고서는 녹즙이나 건강식품, 신선한 쌈채소 등을 먹고, 휴식 시간도 늘이면서 건강은 좀 호전되는 듯했다. 그러나 그냥 놀지 못하고 항시 뭔가 하면서 몸을 움직여야 하는 성격이 문제였다. 병 치료를 위한 휴양이 급선무라는 것을 인식하고 있었지만 무위도식하는 일상이 익숙지 않아 견디기 힘들었다. 이제 살살 움직여 보자는 심산으로 시골 동네인 마을 사람들이 소소하게라도 짓고 있는 농사에 관심을 갖게 되었고, 몇 가지 작목에 눈을 뜨기 시작했다.

우성면 한천리가 약간 고지대에 서늘한 기후라서 고랭지 무 재배에 적합했다. 마침 마을 소득 사업이었던 무를 재배하고 팔아 푼돈이지만 수입이 생기니 재미가 났다.

내친김에 지근거리에 있는 농업기술센터에 자주 가서 다양한 교육을 받아보고 유익한 정보도 입수하였다. 산지로 둘러싸이고 선선한 날씨가 딸기의 화아(火蛾)분화에 유리하다 하여 자부담이 50%였던 딸기 육묘장 신축 보조 사업을 지원받았다. 곧 논산 딸기시험장에서 고랭지 딸기 묘목 300주를 구입(마을 전체로는 1,300,000

주 구입)하여 조생종 딸기를 재배하여 추석 명절 전에 출하하니 제철 대비 높은 가격을 받을 수 있었고, 덕분에 마을 농가 소득 증대에 기여하게 되었다.

갓난아이가 걸음마를 익히듯 농업 관련 기관으로부터 정보를 귀담아듣고, 착실히 교육받아 농사를 배우며 어느덧 새로운 세계 속으로 들어가는 설렘과 활력을 갖게 되었다.

그러나 소규모 농사 수입으로는 우리 4인 가족의 생활비로는 턱없이 부족하였고, 그나마도 소득이 일정하지 않고 들쑥날쑥하였다. 이런 와중에 다행스러웠던 점은 대전에서의 사업을 접으면서 언젠가는 필요하지 않을까 싶어 물류 창고를 남겨놓았던 일이다.

물류 창고에서 월 200만 원의 임대 소득이 생기니 귀농 초창기 2, 3년 동안 자녀 학비 및 생활비는 해결되었다. 이전 직업으로 벌어놓았던 물류 창고가 보험이 되었던 셈이고, 귀농하여 정착하기까지 효자 노릇을 하였다.

간 이식 수술

　　　　공주로 이주하고 농사일도 배우면서 십 년이 되어가던 2007년에, 통원치료 받아오던 대전 을지병원에서 간 이식을 권하였다. 그러나 이식을 어디서 받아야 할지 막막하고, 아무리 한국의 의술이 발달했다 하더라도 과연 이식 수술이 성공할까 하는 불안감에 휩싸였고 착잡했다.

　당시 국내 간 이식 수술은 도입 초창기라서 생사가 어찌 될지 장담할 수 없으므로 조금씩 주변 정리를 하였고, 이러한 일들이 동네 사람들의 입방아에 오르면서 엉뚱한 소문으로 확대 생산되는 것이 내심 씁쓸했다. 아픈 타인의 처지를 헤아리는 일이 쉽지는 않겠지만 황당하거나 뜬소문 유포는 당사자에게 상처에 소금 뿌리는 행위이기 때문이다.

　그러던 중 현대아산병원에서 국내 최초로 간 이식이 성공했다는 소식을 접하여 찾아가 보니 담당 의사로부터 가능하면 같은 혈액형을 가진 가족의 간을 이식받는 게 안전하고 바람직하다는 얘기를 들었다.

　가족 중 나와 같은 혈액형은 당시 군 입대 중이었던 20대 초반의 아들이다. 그러나 이건 너무 염치없고 가혹한 게 아닌가 싶어 몇 번을 망설였다. 아내의 권유에 겨우 용기를 내어 휴가 나온 아들에게 어렵게 사정을 얘기하니 아들은 고민하는 기색도 없이 선뜻 자기 간을 이식하자고 하였다.

지금까지 가족을 생각하며 앞만 보고 부지런히 살아온 대가일까? 이런 효자들 둔 내가 과연 자식에게 과분한 신세를 져도 되는 걸까? 미안함과 고마움의 감정이 뒤범벅되어 아들을 안고 한참 동안 격한 눈물을 쏟았다.

며칠이 지나 병원에서 검사 결과가 나왔다. 나의 간 건강 상태로는 아들의 간으로 이식이 어렵고, 2명의 공유자가 있어야 한다는 연락이 왔다. 이런 걸 산 넘어 산이라고 해야 하나. 가족들 모두 패닉 상태로 다른 방법을 찾기 위해 고심하던 차, 1주일 후 병원에서는 다시 아들의 간으로 가능할 것 같으니 수술을 해보자는 연락이 왔다.

이때 천국과 지옥을 오르내리던 심정은 지금도 생생하고 뭉클하다. 다행히 이식 수술은 성공하였고, 그 시점에서 세상에 다시 태어난 느낌, 아니 삶이 연장되었다는 생각에 평생 잊지 못할 신세를 진 아들을 위해서 더 열심히, 그리고 의미 있는 인생을 살아야겠다는 각오를 하게 되었다.

약용작물에 사로잡히다

공주시로 이주하여 2, 3년간 짭짤한 수입이 되던 물류 창고는 2000년도에 들어서면서 매도하였고, 그 후 10년 가까이 조생종 딸기를 육묘하여 연간 3, 4천만 원이라는, 넉넉하지는 않지만 비교적 안정적인 소득을 올려왔다.

그러나 이제부터는 새로 태어난 사람으로서 아픈 누군가에게 도움이 되는 삶을 살고 싶어졌다. 이것은 헌신적인 아들에 대한 부채감을 조금씩 덜어내는 방법이기도 했다.

딸기 육묘로 돈을 벌어 인근 지역 토지매물이 날 때마다 조금씩 사들였다. 이렇게 해서 점점 넓어져 가는 집 주변의 밭에 2013년부터는 본격적으로 작두콩, 돼지감자, 여주 등의 약용작물을 심었다. 간 이식 수술은 딸기 묘목 생산에서 약용작물로 작목 전환을 하는 계기가 된 셈이었다.

또한 청정 지역인 한천리로 이주하면서 지병을 치료하느라 온갖 소문난 약초를 찾아다니다 보니 관심 분야가 자연스럽게 약용작물로 기울어지지 않았나 싶다.

공주지역이 금강을 끼고 있고 산지로 둘러싸인 분지 모양의 지형이다 보니 비교적 공기가 청정하여 약용작물을 재배하는 데는 최적의 조건일 수 있다. 그래서인지 계룡산을 둘러싼 사찰 및 공원에는 온갖 약초 및 산나물을 사러 일부러 찾는 사람들도 볼 수 있다.

내가 사는 곳이 약용작물 특화지역으로 손색이 없다는 판단이 들었다. 집 주변에 심은 작두콩과 돼지감자를 수확, 건조, 가공하여 저온 저장고에 보관하고 판로를 찾기 시작하였다.

우선 농업기술센터에서 강소농 교육을 받으면서 블로그를 활용한 마케팅을 시도하며 스토리텔링 마케팅을 위한 개요를 구상했다.

'도회지에서 한참 성업하던 유통업을 운영하여 제법 성공하였다. 그러나 과로 탓에 건강이 나빠져서 시골로 와서 휴양하며 간 이식을 받고 건강을 회복하였다. 그런 와중에 약용작물에 눈뜨게 되었고, 아픈 사람들을 위해 약용작물을 파는 귀농인으로 자리 잡게 되었다.'라는 사연이 온라인 고객에게 어느 정도 어필이 되었던지 블로그를 통한 판매가 조금씩 늘어갔고, 인지도가 높아졌다.

적극성과 근면함이 가져다준 기회

2013년 말에는 약용작물을 재배하고 가공하는 농업인 50여 명이 발효연구회를 발족시키고, 이듬해인 2014년 초에 농업기술센터에서 지원하는 품목 농업인 연구회에 가입하면서 조금씩 활동 기반이 잡혔다.

연구회 조직으로 가입하니 농업기술센터로부터 교육 및 현장견학 경비를 지원을 받을 수 있었고, 회원들과 약용작물 가공, 효소 만드는 법 등을 익혔다. 또한 협업경영 시범 사업으로 가공 기계, 포장 디자인 등을 지원받으면서 '무성산힐링온'이라는 연구회 공동 브랜드를 개발하였다. 집 앞에도 수확 체험장을 건축하여 많은 소비자 및 관심 있는 사람들이 방문하고 있다.

2014년에는 충남 농특산물 홍보판촉전에 출전하여 도심 지역 마트 손님들에게 작두콩과 작두콩 차를 소개하는 기회를 얻으면서, 드디어 일반 소비자에게는 낯설었던 작두콩 차가 온·오프라인에서 알음알음 팔리기 시작했다. 온라인에서는 주문한 물품에 다른 물품을 덤으로 제공하여 홍보 효과를 높였다.

그 후로도 농업기술센터에서 추진하는 각종 홍보판촉전에 빠짐없이 참가하였고, 세련된 디자인으로 상표등록을 마친 포장재에 생산자 실명을 담아 출시하니 소비자 인지도, 신뢰도도 높아졌다. 판촉전 직거래와 인터넷 블로그와 투 트랙 판매 덕분에 매출이 늘기 시작했다. 또한 이때부터 내 사업은 농산물을 생산하고, 가공하고, 판매하며 체험까지 하는 6차 산업에 근접하고 있었다.

2017년부터 2년간 강소농 지원 교육과정인 스마트 스토어 교육을 받았고, 점차 판로 다변화를 추구하였다. 즉 블로그 판매, 로컬푸드 납품, 직거래, 연고판매를 통하여 약용작물 판매 수입은 안정세에 들어갔다.

약용작물이 주류이기는 하나 계절적인 쏠림 현상을 방지하고, 꾸준하고 안정적인 소득이 필요했다. 이에 약용작물 외에 계절별로 수확하여 소득을 올릴 수 있는 작목, 예를 들면 봄에는 블루베리, 여름에는 복숭아, 가을에는 밤으로 품목 수를 늘렸기에 봄에서 가을까지 휴작기 없이 소득이 창출될 수 있었다.

귀농하여 성공은커녕 고소득을 올리기 쉽지 않다는 편견의 벽을 깨고자, 고심하며 앞만 보고 달려온 덕분일까? 2019년 말에는 무성산힐링온이라는 상표로 스마트 스토어(네이버 블로그)에서 농산물 단일 품목인 작두콩 차만으로 매출액 1위를 달성하여 10월 한 달 동안 수수료를 뺀 순수익이 천칠백만 원이 넘었다.

관계 기관에서는 드디어 네이버 판매왕으로 등극하였다 하여 각종 언론 매체로 보도 및 라디오, TV 프로에도 출연하여 인지도를 높였다. 그 덕분에 '마케팅 귀재'라는 닉네임이 붙었고, 간간이 귀농인 성공 모델로서 사례 발표 강의에 초청받고 있다.

처음 귀농지를 공주시로 정할 때는 무조건 공기 좋고, 물 맑은 곳이라 찾았는데, 지금 생각해 보니 공주시가 고속도로 IC만 해도 8곳이 될 정도로 사통팔달의 교통망을 갖고 있고, 대전시, 천안시, 세종시 등 대도시를 접하고 있어 마케팅 활동에도 수월한 편이다. 그리하여 주변 도시의 대형 마트, 싱싱장터, 로컬푸드에 가면 공주시의 농산물을 쉽게 볼 수 있다. 오래전 일이지만 전직 유통업자의 안목이 그리 녹슬지 않았던 것 같다.

토착민과의 동화 과정

        절박한 심정으로 뭔가에 홀리듯 무작정 이주한 공주시
우성면 한천리라는 곳에 나는 아무런 연고가 없다. 그래서인지 낯선
이방인에 대한 견제와 의혹의 눈초리가 느껴졌는데, 이러한 분위기
를 돌파할 수 있어야 농촌에 제대로 정착하는 것이라 판단했다.

    그들과 자연스럽게 융화할 방법이 없을까 고민하다가 마을 이장
을 맡아 동네의 대소사를 거들었고, 새마을 지도자회에도 가입하
여 마을 발전을 위한 일에 나름 솔선수범하였다.

    또한 농업 관련 기관은 물론 대학교 최고경영자과정을 이수하면
서 수많은 교육을 훑고 다닌 덕택에 예상보다 농사법을 수월하게
익혔다. 그 덕분에 주변에 같은 작물을 재배하고자 하는 귀농인이
나 이웃에게 노하우를 전파하고 잡다한 일들을 도와주기도 하였
다. 이주민이 들어와서 토착민들에게 신뢰를 얻으려면 이기적인 모
습은 치명적이기에 그들과 더불어 사는 방법을 터득한 것이다.

    이런 나의 지론이 통했는지 몇 개의 모임체에서 회원들의 추천으
로 줄곧 회장을 맡았고, 내가 좀 손해를 보더라고 구성원들에게 베
풀고 도울 수 있는 것은 기꺼이 도왔다. 그러다 보니 본의 아니게
이런저런 일의 해결사 노릇을 하게 되었고, 어느덧 나는 그들에게

무슨 문제가 생기면 제일 먼저 상의해 주는 존재가 되었으니 감사할 따름이다. 젊은 날 유통회사를 직접 운영해 본 경험이 지금의 리더십을 갖는데도 다소나마 보탬이 되었나 싶다.

휴테크를 위한 계획

    난 천성적으로 부지런하며, 그냥 방구석에 앉아서 놀지 못하는 성격이다. 아내는 이런 내게 일 중독이라며 가끔 핀잔을 놓기도 하였다. 아무튼 농사에 흥미를 느끼며 매진하느라 가족들과 오붓하게 여행을 하거나 휴식을 위해 특별히 계획을 세우거나 시간을 할애해 본 기억이 많지 않다.

  재충전을 위한 휴테크와 여행을 중시하는 풍조가 십여 년 전부터 유행하였거늘 놀 줄 모르고, 그저 쉬지 않고 일만 하고 살아온 우직했던 날들에 아쉬움이 크다. 특히 가족에게 미안한 마음이 든다.

  돈을 번다는 것은 삶의 질을 높이고 집안의 대소사를 위해 자금을 마련하고 돌발적인 위기 상황에 대처하기 위함이다. 그런데 가족들과의 소중한 시간을 미뤄온 나는 참으로 바보처럼 살았구나 하는 회한이 든다.

  지금은 작물의 가짓수를 줄이고 약용작물에 집중하고 있으며, 가공, 포장, 주문, 판매를 위해 직원을 고용하여 조금씩 쉴 틈을 마련하고 있다.

  인간은 평생 살아오면서 여러 전환점을 맞이하게 된다. 나 또한 젊은 나이에 유통업으로 돈을 벌었지만, 지병이 생겨 순탄하던 인

생길에 뜻밖의 복병을 만났고, 지금의 길을 걷게 된 것이다. 지병 치료 후에도 또 쉬지 않고 일만 해온 사람으로서 누군가가 귀농을 계획하고 있다면 '간간이 쉼표를 마련하는 삶'을 구상하는 게 중요하다고 말해 주고 싶다.

5일 일하고 2일 쉬는 시대, 이제는 4일만 일하고 3일 쉬자는 얘기도 나온다. 눈앞의 일만 바라보고 성급히 달리기보다는 휴식을 통하여 삶을 재점검하는 여유를 가져야 한다. 또한 가족들에게도 여행이나 문화 활동을 통하여 풍요롭고 다양한 세계관을 갖도록 배려하는 일은 반드시 필요하다고 생각한다.

향후 힐링센터를 만들어 나처럼 일만 하고 살아온 사람들의 방전된 에너지를 채우고 더 큰 활력을 얻는 공간이 되도록 구체적인 청사진을 그려본다. 무성산힐링온의 힐링센터에는 터널식 과실나무를 식재하고, 미로형의 정원수를 심고, 약초 정원을 만들어 누구나 방문하여 담소를 나누고 쉬어가는 공간이 될 것이다.

또한 주변 농가에서 생산하는 농산물을 모아 방문객에게 저렴한 가격에 판매할 수 있도록 플랫폼을 구축하여 소비자에게 안전하고 신선한 먹거리를 제공하고 싶다. 오래전부터 일본이나 뉴질랜드 등의 농업 선진국에서는 개인 및 단체가 힐링 및 체험 농장을 운영하여 관광객들에게까지 호응을 얻고 있다고 들었다. 현재 힐링 및 체험 농장의 조건을 갖추어가고 있는 나의 농장에서는 유치원이나 초등학교 학생들을 대상으로 한 블루베리 수확이나 작두콩 차 만들어 가기 체험이 분주한 스케줄로 진행되고 있다.

또한 힐링온 힐링촌을 만들고자 2023년부터 숲길 조성하고 체험장을 건축하고 있다. 캠핑장까지 운영해 보려고 경관을 아름답게 꾸미고 쉼터를 준비하고 있다. 마침 우리 마을 숙원사업으로 진입로가 확장되고 하천 정비 사업이 순조롭게 진행되고 있다. 나의 오랜 꿈은 점차 현실로 다가오는 듯하다. ♣

예비 귀농자의 궁금증 해소를 위한 Q&A

Q. 귀농 당시 귀농 관련 지원금이나 융자금을 받지 않았나요?

A. 제가 귀농하던 당시는 IMF 사태로 모든 이가 힘든 시기였고, 귀농 관련 사업이나 예산을 지원받을 만큼 정책적, 제도적인 장치가 마련되어 있지 않았습니다. 또한 아무리 저리(低利)라고는 하지만 융자금은 결국 갚을 돈이고, 매달 이자가 발생한다는 것이 은근히 부담되었습니다.

결국 이전 사업을 정리하면서 토지를 구입하고, 물류 창고를 임대하여 매월 발생하는 불로소득(패시브 인컴)은 지병 치료하면서 농업 분야를 개척해야 할 제게는 일종의 보험 역할을 하였다고 봅니다.

Q. 무연고 지역으로 귀농하셨는데
어떤 이유와 어려움이 있었는지요?

A. 저는 친척들이나 지인이 많은 고향으로 귀농하는 것이 반드시 좋은 것만은 아니라는 생각을 가지고 있습니다. 가깝다는 이유로 이런저런 제약을 받을 수도 있고, 자칫하면 작은 일로도 오해를 살 수도 있기 때문입니다. 그래서 정서적으로 크게 이질적이지 않은 충청도 지역을 선택지로 삼고, 모든 걸 새롭게 개척하겠다는 마음으로 이곳에 왔습니다.

그리고 이주민인 저에 대하여 마을 주민들의 반신반의하는 시선을 느꼈기에 불신과 경계심을 돌파하고자 마을 직책을 맡아 마을의 대소사를 돕고 그들과 친밀감과 유대감을 형성하였습니다.

차츰 신뢰를 얻게 되면서부터 원주민들과 상생하고자 기술적인 부문을 공유하고 가진 것을 나누며 훈훈한 태도를 취하였습니다.

Q. 귀농지 선택할 때 청정 지역 외 중요시 한 점은 무엇일까요?

A. 그 당시 아이들이 어렸기 때문에 교육 여건을 고려했고, 농산물은 판로 확보가 중요하기에 사통팔달의 교통망을 중시했습니다.

특히 유통업자의 안목으로 볼 때, 공주시는 규모가 작은 고장이기는 하나 5개의 고속도로 진·출입이 용이한 지역이고, 백화점과 대형 마트가 있는 대전시, 천안시 등 대도시에 인접하여 판로 확보가 용이할 거라는 계산도 깔려 있었습니다.

어느 지역을 선택하든 장단점이 있으니 귀농자의 성향과 여건에 맞는 지역이면 됩니다. 귀농 정책도 지자체마다 조금씩 다르므로 이주할 지역 선택을 한 후, 그곳 시군청이나 농업기술센터로부터 안내받으면 될 것 같습니다.

5.
농사짓는
국제변호사

대상자: 박찬규

귀촌 시기: 2018년

전직(현직): 국제변호사

귀촌 동기: 노모 봉양

농사 품목: 노지채소

대외 활동: 출강, 법률 자문 및 봉사, 농작업 안전관리관

이
야
기

순
서

3대 독자의 군 입대

충청남도 서북부에 위치하는 홍성군은 조선 시대 홍주목과 결성현이 합해져 이루어진 차령산맥 이북의 중심 지역이며, 충청남도 4대 도시 중 하나로 지역의 행정, 경제, 교육, 군사 그리고 철도교통과 상업이 발달하였다. 이후 대전시, 당진시 등 중부권 도시의 성장 등으로 세력이 축소되었지만, 군(郡) 지역으로는 인구 10만 안팎의 제법 규모가 큰 고장이다.

또한 홍성군은 고려 시대 최영 장군의 출생지이자 구한말 독립투사인 김좌진 장군과 한용운 시인의 고향이라 예로부터 충절의 고장이라는 명성을 유지하고 있으며, 곳곳에 충신과 애국지사의 웅혼을 기리는 유적지를 찾아볼 수 있다.

홍성군의 토박이이자 국가유공자이셨던 부친 슬하에 9남매(1남 8녀)의 막내로 태어난 나는 유년기에 '단명'이라는 스님의 조언으로 서당 훈장이셨던 외할아버지께 『천자문』, 『명심보감』 등 한문을 배우면서 유년기를 외가가 있는 청양군에서 생활하였다. 그 후 다시 고향으로 돌아와 중학교까지 다녔고, 고등학교부터는 외지인 대전 및 서울에서 생활하게 되었다.

3대 독자라서 그 당시 군 면제 대상인 나는 대학을 졸업하고 법 공부를 계속하고 있었다. 그런데 한국전쟁의 참전 군인이셨던 아버지의 "대한민국 남아(男兒)는 반드시 군대를 다녀와야 한다."라는 추상같은 명령이 떨어졌다. 이에 누구도 이견을 제시할 수 없었기에 어머님을 비롯하여 가족, 친척들의 아쉬움을 뒤로하고 육군 현역으로 입대하여 병장으로 전역하였다. 충절의 고장에 태어나 집안 대대로 이어 온 선비로서의 드높은 기상과 남다른 애국심을 품고 계신 부친의 뜻을 감히 누가 거역하랴.

그 후, 경찰에 투신하여 근무하던 중 우연한 기회에 미국 영사에 파견되었다. 3년간 뉴욕에 머무르면서 New Paltz 주립대학에서 뉴욕 변호사 자격을 취득하고, 귀국하여 2007년부터 주한미군사령부에서 변호사로 근무하였다.

노모 시봉(侍奉)

2018년 당시 93세인 어머니는 집안일을 하시다가 넘어져 고관절 수술을 받았다. 고령의 어르신이 엉치뼈 골절을 하게 되면 일어나기 힘들다는 주변 얘기에 걱정되었지만, '강건하게 살아오신 내 어머니는 누가 뭐래도 일어나실 거야.'라는 오기 비슷한 믿음을 품고 있었다.

그러나 고령인 어머님을 고향 집에 홀로 두기가 불안했다. 더구나 난 젊어서부터 도시에서 바쁘게 사느라 부모 가까이에서 효도할 기회가 없었다.

비장한 마음으로 어머님이 다치기 전까지 오랜 세월 거주하셨고, 나의 어린 시절 추억이 묻어있는 고향 집, 홍성군 장곡면으로 시봉(侍奉) 차 내려오게 되었다.

꾸준한 재활치료와 운동으로 상태가 호전되고, 약 6개월이 지나서 어느 정도 건강을 회복하신 어머니는 수술 전과 같이 소소한 집안일과 텃밭을 관리 정도의 활동을 하실 수 있게 되었다.

이제 되었구나 싶어 안심하고 오랜 생활 본거지인 서울로 올라가려고 하니 "서울로 가려면 나를 요양원에 입소시키고 올라가라."라는 서운함이 가득한 노모의 음성에 외로움이 진하게 배어 있었기에

목이 메고 가슴이 뭉클해진 나는 현재까지 고향을 떠나지 못하고 있다. 딸 많은 집안의 3대 독자로서 귀여움을 독차지하고 중요한 위치를 누리며 살았으니 어머니가 그 큰 은혜를 갚을 마지막 기회를 주시는구나 직감했다.

  고향 집 주변에는 일손이 딸려 타인에게 경작권을 양도한 논을 제외하고 집 뒤쪽으로 낮은 언덕에 약 500평가량의 텃밭이 있다. 갑자기 내려온 고향에서 언제까지 지내게 될지 모르나 이 정도 규모의 밭쯤은 내 손으로 해결할 수 있겠지 싶었다.

  농사는 처음이지만 한번 지어보겠다고 작심했다. 요즘 농산물값도 자꾸 오르는데 가족과 형제들의 자급자족을 거든다는 명분을 자랑스럽게 내세우며 식탁에 자주 오르는 남새(양념 채소 및 쌈 채소)를 심기로 했다.

40년 전 모습 그대로인 고향

　　　　중학교를 졸업하면서 떠난 후 40년 만에 돌아온 고향에는 60세 이하 성인들은 거의 찾아볼 수 없고, 평균 연령이 75세 정도였다. 게다가 마을 이장님은 76세였고, 70세가 되신 분이 청년회장을 맡고 있는 웃지 못할 상황을 직면하였다. 귀촌 당시 겨우 50대 중반에 들어선 나는 군말 없이 어르신들의 하소연을 들어주고, 각종 심부름을 할 수밖에 없는 처지에 놓이게 되었다.

　이렇게 고향은 고령자들만의 천국인지라 그분들 생각은 수십 년 전에 고스란히 머물러 있어 글로벌 시대의 다양하고 급격한 변화의 요구는 자신들과는 상관없는 일이라고 여기는지 도통 무관심하였다.
　그뿐만 아니라 과거의 풍습이나 사고방식을 들먹이며 저항감을 표현하는 등 도무지 활력을 찾기 어렵고 정체된 모습이 마치 소멸하기 직전의 쇠락한 마을을 연상케 했다. 설상가상으로 생각이 좀 깨어있다 싶은 사람들마저 오랜 농사로 인한 질환을 안고 노동력 부족, 수입 감소 등의 악순환을 겪으며 어려운 현실 속에 생활하고 있었다. 이런 농촌 특유의 폐쇄성과 배타성 때문인지 고향 마을에 새로 유입하는 사람은 거의 없고, 마을을 꿋꿋이 지키려는 사람조차 드문 실정이었다.

그나마 다행인 점은 농법 측면에서는 1960년대부터 농촌진흥청에서 신기술 연구 및 개발에 박차를 가하고, 농업기술센터의 보급 및 환경 개선의 노력으로 농업인의 수입이 높아지고 사람의 품(노동력)도 덜 들었다.

특히 논농사, 시설 하우스 재배의 경우 기계화 작업, 스마트 농법으로 노동력을 획기적으로 절감하는 생력화 방식이 도입되었다. 다만 아쉬운 점은 고령자들이 종사하는 노지 밭농사의 작업환경은 아직도 관행적인 수십 년 전과 큰 차이가 없이 땡볕에 쪼그리고 앉아 땀 흘리며 수작업으로 하고 있었다.

농촌의 거주환경도 내가 떠난 이후로 전과 비교할 수 없을 만큼 발전했다. 그동안 전기, 가스, 수도 설치는 물론 도로 확·포장 등 기본적인 생활 인프라가 갖추어졌다. 면 소재지엔 농협, 마트, 주유소, 다양한 식당 같은 상권도 구비되어 농업인들의 생활은 훨씬 편리해졌다. 그뿐만 아니라 행정복지센터, 보건소, 파출소 등의 관공서에서는 고객 편의를 위한 서비스의 질이 나날이 향상되고 있었다.

그럼에도 주민들의 의식은 아직도 오래전 과거에 고정되어 있었다. 한 예를 들면, 마을 가꾸기 등 환경개선을 하려고 하면 "왜 길가에 쓸데없는 꽃나무를 심느냐?"라든가 "아까운 돈 버리고 왜 그런 짓을 하느냐?"라고 하면서 온통 부정적인 의견을 표출하였다. 또 마을 발전이나 환경 개선을 위해 공동으로 어떤 일을 추진하려고 협조를 부탁하면 "난 바빠서 할 수 없으니 시간이 남아도는 사

람이나 하라!"라고 빈정대면서 흔쾌하게 참여하는 모습을 보이지
않았다.

이런 걸 급속한 발전의 이면(裡面), 아니 반작용이라고 해야 할
까? 마을 사람들은 발전에 따른 혜택은 누리면서도 나이 들면서 자
기만의 고집은 완강해져 꼰대로 고착되고 있었고, 경륜을 가진 어
른으로서의 포용력이나 너그러움을 보여주기보다는 배타적인 개인
주의자의 모습을 보이고 있었다.

사람들의 의식이 시대 변화의 흐름에 맞추어 개방적이기는커녕
과거에 갇혀있는 마을을 무겁게 바라보면서 수십 년 동안 대도시
에서 생활하다가 장년이 되어 고향에 발을 디딘 나는 이렇게 고루
하고 침체한 고장에서 과연 무엇을 할 것인가를 진지하게 고민하게
되었다.

홍성은 과거에 충청도 지방 중 제법 비중 있는 도시로서의 영광
을 품고 있는 지역이다. 그러나 인근 다른 지역이 발전하면서 상대
적으로 관심을 덜 받아 낙후된 게 아닌가 싶다.

지역의 발전은 산업 기반 조성, 편리한 교통망을 수반하며 이에
따라 인구 증가로 이어져야 하는데, 홍성은 전통적인 농업 도시이
고, 한때 호황을 누리던 광천읍 중심의 상권은 많이 쇠퇴하였으며,
그동안 다른 산업의 유입이 거의 없다. 교통 사정도 호남선이 관통
하는 지역이라 그나마 철도교통은 양호한 편이지만 대중교통은 아
직 많이 부족한 상황이다.

그래도 다행인 것은 2012년 홍북읍에 충청남도 행정의 중심인 내포신도시가 출범하면서 공무원들을 중심으로 젊은 층이 꾸준히 유입하고 있고, 서울 수도권 접근성이 획기적으로 좋아진다는 서해 선 고속철도가 홍성역을 종점으로 신설되어 개통하였다.

이렇게 고루하고 폐쇄적인 도시인 홍성군에도 교통 여건이 개선 되면 외부 인구가 유입되니 학교나 병원이 늘어나고 상권도 좋아질 것이다. 또한 중부권 지방정부에서 야심 차게 추진하고 있는 천안, 대전, 세종, 청주 등 도시들의 연대가 가시화되면 시너지 효과를 동 반하며 정주 여건은 더욱 개선될 것으로 기대한다. 이러한 것들이 계획대로 순조롭게 추진된다면 홍성군에 포함된 내포신도시에도 인구가 제법 늘어나면서 자녀들 학교를 고려하여 거주지(도시)와 일 터(농촌)를 양분하는 귀농, 귀촌인들도 많아질 것으로 예상된다.

이미 정해져 알려진 계획뿐만 아니라 발 빠르고 귀 밝은 사람들 이 던져주는 얘기처럼 향후 펼쳐질 지역 발전과 변화에 대비하기 위해서는 토착민들의 열린 자세가 필요하다. 토착민들은 이주민들 의 적응과 정착을 위한 유익한 정보나 팁을 공유하면서 그들을 품 을 수 있는 아량을 갖추어야 하기에 마을 사람들에게 홍성의 미래 와 전망에 대하여 자주 얘기하려고 한다.

또한 고향분들이 마주해야 할 도시민과 젊은이와의 소통을 위해 삶의 질 향상이나 힐링 트렌드 그리고 나눔과 봉사를 통한 행복 추 구 같은 개념도 심어주려고 한다.

3년 농사는 고시 공부!

　　"농촌에서 양념을 포함한 채소류는 자급자족해야 한다."는 평소 어머니의 지론에 나는 거의 농사를 모르고 있는 상황에서 500평의 밭 중 100평에는 파, 상추, 가지, 마늘, 배추 등을 재배하고, 나머지 400평은 옆집 형님에게 도움을 받으며 고추를 심기로 하였다.

　1년 차 농사는 전멸이었다. 이상적인 친환경 농법을 적용할 요량으로 배추를 유기농으로 재배하려고 전혀 농약을 쓰지 않으니 수확하기도 전에 벌레가 전부 포식하였다. 고추도 친환경 농약만을 살포하니 탄저병으로 거의 수확할 수 없었다.

　2년 차 농사는 또 하나의 시련이었다. 배추에 벌레가 생겨 배추 살충제 대신 독성이 강하여 고추에 적용하는 스미치온을 살포했더니 생육이 불완전한 채 전멸하였고, 고추는 칼라병(바이러스 증상)으로 초기부터 시들더니 죽어버렸다.

　작물 재배 기술을 충분히 습득하지 못한 채 덤벼들어 2년 동안 실패하고 나니 3년 차에는 겁이 났다. 그래서 선택한 것이 옆집의 75세 된 형님의 농사 따라잡기였다. 그 형님이 고추를 심으면 다음 날 나도 고추를 심고, 그분이 농약을 하면 나도 다음 날 똑같은 제품의 농약을 하면서 영농일기를 쓰듯 기록하였다. "잘 모르면 잘하는 옆 사람 따라 하라."라는 동네 어르신들 말씀이 딱 맞아떨어진 것이다.

드디어 3년 차 가을에는 배추 70포기를 전부 수확하여 형제들 김장하는 데 제공했고, 고추 모종도 1,300개를 심어 450근을 수확하는 쾌거를 이루면서 제대로 농사 3년을 고시 공부한 셈이다. 굳이 거창한 공부까지는 아니더라도 "서당 개 삼 년이면 풍월을 읊는다."라는 격언처럼 무엇이든 숙달하는 데 최소 3년은 필요하다는 걸 수긍하게 되었다.

어릴 때부터 줄곧 책상 앞에 앉아 공부해 왔고, 법조문을 다루며 화이트칼라로 살아온 내게 현장에서의 농사는 결코 만만하거나 쉬운 일이 아님을 체험하였다. 이런 가운데 불청객으로 다가온 피부병 등 농작업 질환이 주는 스트레스도 이만저만이 아니었다.

변화와 개혁은 시대의 요구이다

　　농촌을 배경으로 한 20세기 심훈의 소설 『상록수』에서 주인공 박동혁은 농촌계몽운동에 앞장섰다. 교육으로 문맹을 깨쳤고, 개선된 방식으로 합리적인 생산활동을 돕는 운동을 전개하여 당시 농민의 호응을 얻어냈다. 그 어렵던 시절이 지나고 세상도 여러 번에 걸쳐 현저하게 바뀐 21세기에 나는, 새삼스럽게 『상록수』라는 근대소설을 떠올리고 있다.

　　고향에서의 생활이 어느 정도 적응되면서 어머님을 봉양하는 틈틈이 내 나름 봉사할 일을 찾기로 했다. 마을에 필요한 것을 찾아보고 해결 방법을 모색하거나 힘을 보태었고, 불편한 점들은 동네 분들의 의견을 수렴하여 개선하였다.

　　현재 교통 소외 지역 주민들의 이동권 보장을 위해 운행되고 있는 '마중버스'는 일정한 노선과 운행 계획이 없이 수요 발생에 대응해 이동 서비스를 제공하는 수요응답형 공공 교통수단이다. 이 버스는 서비스 빈도와 도착비율 측면에서 다수의 인원을 수송하는 노선버스보다 지역주민 호응도가 높다. 처음에는 시간대별로 운행하는 마을버스 형식이었는데, 고객 친화형이며 정겹고 순화된 개념의 '마중버스'라는 이름으로 변경되었다.

마침 나는 홍성군청에 찾아가 마중버스 도입의 취지에 맞는 효율적인 운영을 요청하였다. 즉 고령자가 많은 농촌의 특성을 고려하여 급한 환자 이송이나 거동 불편자의 용무를 신속히 해결하는 게 중요하다고 설파한 것이다.

또한 마을 입구를 4차선으로 확장 공사하는 과정에서 설계가 미흡하여 대형차나 농기계의 진입이 어려운 점을 개선하려고 여러 방법을 모색하였다. 그러다가 자연스럽게 관련 행정부서와 접촉하게 되었고, 그들과 친밀하게 소통하고 협력하면서 나의 법률 지식으로도 재능을 기부하는 면모를 보여주게 되었다.

이렇듯 고향을 발전시키고 마을 사람을 돕는 일에 작은 힘이나마 보태는 나날이 계속되면서 점차 그들에 대한 서먹서먹함이 많이 걷히게 되었다.

주민들과 대화하는 틈틈이 다른 지역의 선진화된 사례 등을 이야기하고, 우리 고장에도 천지개벽, 상전벽해까지는 아니더라도 언제 새로운 물결이 몰려들지 모르니 미리 변화를 수용하는 자세와 개혁 마인드가 필요하다고 강조하였다. 그러자 우리 마을에도 새바람이 불면 당신들에게도 어떤 역할이 주어질 것이라고 판단한 것일까? 처음에는 경계의 눈빛으로 무반응이었던 그들도 점차 의욕적인 자세를 보이며 내 얘기에 동조하고 있다.

지역의 폐쇄성과 배타성을 극복하려면 사람의 이동이 활발해야 한다. 새롭게 유입하는 사람을 통하여 자극받은 토착민들은 서서히 변화의 흐름을 의식하게 되고, 자신들도 시대에 뒤지는 게 아닌가 하는 초조감에 긴장하면서 조금씩 태도를 바꾸기도 한다.

이렇게 외부 자극을 통하여 지역 내부에서 오래 살던 사람은 변할 수 있다.

그러면 우리 고장 농촌도 점차 개방화의 물결을 탈 수 있다. 다만 그 속도가 더디므로 주민들에게 대한 꾸준한 교육이 필요하고 다양한 문화 활동 접촉 또한 효과가 높을 것이라 예상한다.

홍성인들의 폭넓은 사고와 의식 개혁을 위하여 읍이나 면 단위에도 다양하고 체계적인 평생교육과 문화 프로그램이 운영되면 좋을 것 같다. 여기에 나같이 귀촌한 사람들이 지식과 노하우 그리고 재능을 발휘하면 토착민과 이주민이 서로 어우러져 지역 발전에도 합심하고 시너지를 높이는 계기가 될 것이다.

농작업 안전 리더로 활약

　　　　　개발의 바람을 전혀 타지 않아 오래전 과거 모습 그대로인 우리 마을에 개선이 시급한 문제는 농작업 사고와 질환으로 인한 노동력 부족이 농촌 인구 감소로 이어지고 있는 현실이다. 이런 것들이 결국 귀농, 귀촌의 기피 요소로도 작용하는 악순환의 고리를 끊어야 한다.

　여기에 사망률이 높은 세계 고위험 산업 중에서 2위에 해당하는 농업을 섣불리 선택할 수 없는 현실을 고려할 때, 정부와 학계 등 관련 기관, 단체에서는 머리를 맞대고 먹거리 산업인 농업의 안전성 확보와 노동 강도, 노동 시간을 줄이기를 위해 지속 가능한 해결책을 도출해야 할 것이다.

　조촐하나마 밭농사를 짓다 보니 자연스럽게 농업기술센터의 교육, 행사에 참여하면서 새로운 소식도 접하게 되었다. 2023년에 농촌진흥청에서는 농작업의 안전을 위하여 다른 산업군과 유사한 농작업 안전관리관 제도를 신설하여 홍성군 농업기술센터에서도 시행하게 되었다.

　나를 포함하여 7명이 농작업 안전관리관에 신청하여 임명장을 받았다. 거기서 반장으로 뽑힌 나는 우리 멤버에게 최고의 안전관

리관이 되어 농작업 사고를 예방하고, 사고나 질환을 최소화하자고
결의하였다.

마을회관이나 농업인단체 그리고 농사 현장을 찾아다니며 농작
업 안전에 대하여 꼼꼼히 교육하였다. 또한 각종 사고 사례를 분석
하여 농업인에게 전달하고, 오랜 농사 경험을 가진 농업인의 의견을
수렴하여 보다 교육의 질적인 효과를 높이는 등 활동에 정성을 기
울였다.

농업인들의 사고나 질환이 자주 발생하는 여름철의 폭우와 긴 폭
염을 뚫고 다니며 '농작업 자세나 환경 개선이 농작업 사고를 예방
한다.'라는 사실을 그들에게 쉽고 상세하게 설명하였다. 충분히 이
해하고 공감한 그들의 안전에 대한 의식도 조금씩 바뀌었다. 이는
교육의 피드백 효과이며, 사업의 실효성 면에서도 큰 수확이라고
할 수 있다.

이러한 열정과 노력 덕분에 연말에는 충청남도 농작업 안전관리
사업 부문에서 홍성군이 대상을 받았다. 내친김에 사업의 연속성을
확보하고 농작업 안전관리관 제도를 정착시키기 위하여 홍성군에
조례 제정을 요구하였고, 2023년 12월경 드디어 조례가 제정되었
다. 2024년에도 5명의 농작업 안전관리관과 더불어 더위와 피로를
잊은 채 열정 어린 활동을 하였다. 그 결과 11월에는 홍성군이 전국
에서 2년 연속 농작업 안전관리 최우수기관 평가를 받게 되었다.

농업인의 안전을 돕겠다는 열의에 가속이 붙은 우리 안전관리관
들끼리 자체평가서를 만들어 그동안의 활동 내용과 노하우를 공유

하고, 미래의 지침으로 삼도록 했다.

농작업 안전관리관이란 일을 통하여 농업 비중이 크고 고령자가 많은 홍성군의 특성상 농업 안전이 최우선 과제임을 인식하게 되었다. 홍성군이 농작업 안전관리의 선두주자로 자리매김한 만큼 앞으로도 농작업 재해 예방에 관련된 일에 최선의 노력을 기울이면서 농업인의 안전에 대한 의식 변화와 실천을 유도하고자 한다.

또한 시간이 걸리겠지만 '농작업 안전 백서'도 제작하여 안전 사각지대에 놓인 농업인들이 보다 나은 환경에서 일하고, 건강한 삶을 향유하는 데 일조하고 싶다. 작은 시도가 전국에 번지는 혁신의 불씨가 되길 소망해 본다. 지인들은 본업이 법률가라서 그런지 매사에 빈틈없고 철저히 한다고 칭찬 비슷한 얘기를 해주었다.

GDP 순위 10위권에 드는 한국의 농업은 그동안 고품질의 농산물을 생산하고, 소득을 높이는 일에 주력했다면 이제는 농작업 재해를 줄이는 것이 관건인 시대에 살고 있다. 더구나 기후변화로 인한 잦은 강우, 폭염, 이상기후 등으로 사고나 질병이 광범위하고 발생하므로 행정 차원에서도 이것을 줄이려는 노력과 지원은 계속되고 확대되어야 할 것이다.

농사꾼과 변호사

　　　　수십 년을 경찰 간부와 국제변호사라는 직업에 종사하다가 시골인 고향에 가서 고추를 비롯한 채소 농사를 짓고, 농작업 안전관리관으로 활동하게 될 것이라고는 꿈에도 생각하지 않았다.

　귀농이나 귀촌하려는 사람들은 보통 중장기 계획을 치밀하게 세워서 진행하는데, 난 그야말로 잠깐 있다 올라가겠거니 여겼기에 구체적인 계획도 없이 들어와 시행착오를 거치면서 농사를 배웠고, 고향 땅을 떠난 후 오랜 공백으로 서먹한 고향 사람들과도 봉사와 협조를 통하여 친밀해졌다.

　농사와 변호사 일은 직업적으로 엉뚱한 조합인 것 같지만, 살펴보면 둘은 상보적인 측면을 갖고 있다. 또한 남의 얘기를 듣고 도와주는 노력을 하는 게 기본적으로 변호사의 자세이며, 다루는 업무 범위로 볼 때도 변호사는 어떤 직업군과도 소통할 수 있다. 이제 나의 고객에 농촌 사람, 농업인이 포함된 것이다. 농업 장인들에게는 농사 기술을 배우면서 나는 마을의 오랜 민원 해결, 법률 자문 등의 활동을 하였다. 법률 사각지대에 놓인 그들을 성심껏 도울 수 있는 부분이 있었기에 토착민과도 자연스럽게 융화되었는지 모른다.

　처음엔 황당한 일도 있었다. 고향에 들어와 법률 봉사나 재능기부 활동을 하는 동안 동네분들이나 기타 고객들에게 정성을 다하기 위해 애썼다. 난 그들을 만나면 밥값이나 찻값을 먼저 내려고 했고, 상대방의 니즈가 뭔가 파악하려 노력하고 해결하고자 앞장섰는데, 동네에는 예상 밖의 소문이 돌았다. "저 양반, 혹시 딴 목적이 있는 거 아냐?"라고.

어린 나이에 고향을 떠나 도시에서 공부하고 나름 탄탄한 과정을 거치는 동안 내겐 고향을 각별히 챙기지 못했다는 자책감이 내심 자리하고 있었다. 그래서 내려온 지금이 기회다 싶어 고향 마을을 차근차근 보살피려는 것인데…. 때로는 선의가 이렇게 왜곡될 수도 있구나 싶어 섭섭했다.

그러나 어떤 목적 달성을 위해 반짝 친절과 선의를 베푸는 사람들이 어느 곳이나 존재하는 것도 사실이다. 또한 고향분들 입장에서 어릴 적 떠나 수십 년 만에 돌아온 사람의 진정성을 미처 파악하지 못했다면 오해할 수도 있겠다는 생각이 들었다.

시골의 특성상 동네분들도 우리 집안을 소상히 알고 있으니 나에 대해서도 별문제 없을 거라 여겼는데 안일한 생각이었다. 세월이 가고, 세상도 많이 변했듯이 돌아온 고향 사람에 대한 토박이들의 탐색과 검증 과정은 필요하다는 걸 깨달았다. 그 후 마을 사람들과 진솔한 만남을 자주 갖고, 정성을 쏟을수록 그분들은 의혹 어린 시선을 거두었고, 전보다 격의 없이 대해주었다.

그 후 농업인들의 입장을 점차 폭넓게 이해하게 되었다. 의심이 많고 고루하게 보이던 농업인 특유의 고지식함, 순박함도 이젠 믿음직스럽게 느껴졌다. 이것은 아마도 대대로 또는 수십 년간 농사지으면서 자연과 어우러지며 살았기에 "뿌린 대로 거둔다."라는 흙의 철학이 스며들어 장착된 DNA일 것이다. 나의 짧은 텃밭 농사를 통해서도 직업 또한 사람의 품성을 만들거나 영향을 줄 수 있다는 걸 체득할 수 있었다.

고향에서의 해가 거듭될수록 농사꾼과 변호사는 쌍방의 부족한 부분을 채우고 거들면서 시너지 효과를 창출하는 보완재로 작용할 수 있다는 것에 의욕과 보람을 느끼고 있다. 함께 농사지으며 가진 것을 나누고, 베풀고, 배려하는 자세로 농촌 계몽운동을 펼쳤던 소설 『상록수』의 남주인공 박동혁! 그는 농업인과 동고동락하며 흙의 정직성, 인내심을 체감하면서 점차 농업, 농촌에 애정을 갖게 되었다. 가끔씩 소설 속 박동혁의 심경에 데자뷰를 느끼면서 내 고향 발전과 지역민들의 의식 변화를 위해 최선을 다하겠다고 다짐한다.

작은 나라 지방의 미래

　　　　거대도시인 서울의 강남 한복판에서 수십 년 살던 내가 고향에 내려와 어느덧 8년이란 세월이 흘렀다. 역지사지라고 해야 할까? 많은 걸 현재 거주하고 있는 농촌과 지방이라는 관점에서 바라보게 되었다.

　땅이 좁은 나라 대한민국은 인구밀도가 대단히 높다. 그런데 인구의 절반이 서울과 수도권에 밀집하여 범죄, 사고 만연, 드높은 주택 가격, 환경오염 등 많은 문제를 야기하고 있다. 반면 일자리와 성장의 기회가 적은 지방은 인구가 줄면서 위축되고 소멸의 위기에 처하고 있다. 국가 발전 불균형이 초래한 현실은 심각하기에 고민이 깊은 정부나 정치권에서도 다각적으로 분석하며 여러 대안을 제시하는 노력을 보이고 있다.

　귀촌해서 살아온 나의 입장에서는, 당장 위기에 처한 지방정부에서 서울과 수도권 인구의 유인에 성공하려면 귀농, 귀촌을 위해 구체적으로 실현 가능한 청사진을 제시해야 한다고 본다. 또한 예비 귀농, 귀촌자로 하여금 농촌 진입에 대한 망설임이나 두려움을 해소해 주어야 한다. 지역 인프라와 편의시설뿐만 아니라 심리적인 부분을 포함하여 다양한 안전장치가 마련되어야 그들은 귀농, 귀촌이 매력 있는 선택이라 여길 것이다.

한국 전체 인구 중 베이비붐 세대와 그 자녀를 포함한 인구가 50%는 넘을 텐데, 그들이 왜 급류에 휩쓸리듯 번잡한 대도시에서 질식할 것 같다는 환경에서 탈출하지 못하고 여전히 씨름하고 있을까? 이로 인한 지방 소멸 위기는 어떻게 해결할 것인가? 여기에 대도시에서의 과도한 경쟁은 집값 상승과 자녀 교육의 버거움으로 인한 비혼주의, 급기야 출산율 저하라는 악순환으로 이어지고 있다.

이런 현실을 해결할 열쇠를 쥐고 있는 정치권과 중앙, 지방정부는 최우선의 과제에 무엇을 둘 것인지 심각하게 고민하면서 합리적이고 현실적인 답을 찾기를 소망한다. ♧

예비 귀농자의 궁금증 해소를 위한 Q & A

Q. 연고지, 더구나 고향으로의 귀농이나 귀촌은 어려움이 많다고 들었는데요?

A. 맞습니다. 모든 처신을 매우 조심스러웠습니다. 그러나 농업 선배인 지인의 도움을 받고, 저 또한 그들에게 도움 드릴 일이 생기니 자연스럽게 상부상조하는 가운데 소통되었고 친밀감도 높아졌습니다.

도시인과 농촌인의 사고방식의 차이는 엄청납니다. 그 간극을 줄여가는 노력이 필요합니다.

Q. 대도시에서 오래 살다가 모든 인프라가 미흡한 농촌에서 사는 불편함을 어떻게 해결하였나요?

A. "로마에 가면 로마법을 따른다."라는 격언처럼 농촌의 풍토와 농업인의 행동양식을 이해하면서, 소통을 통하여 그들이 좀 더 스마트하고 합리적인 사람들로 바뀌도록 노력하고 있습니다.

또한 이전에 아무리 화려한 학력, 경력을 가졌더라도 농촌에 들어가면 일단 자신을 낮추고 겸손하면 토착민들의 심리적 봉쇄벽을 뚫는 1차 관문은 통과하는 셈이 된다고 생각합니다.

6.

86세대의
필살기

대상자: 이상욱

귀농 시기: 2010년

전직: 컴퓨터 대리점 외

귀농 동기: 고향에 대한 향수, 가업승계

생산품: 표고버섯 및 가공품, 한우, 쌀

농장명: 승지골농원

화려한 경제발전의 그늘

내가 학교 졸업 후 사회에 발을 디딜 무렵인 1980년대 중반은 박통 시대의 과감한 경제발전에 이어 중동 건설의 특수를 누리고, 올림픽 유치로 세계에 대한민국의 인지도를 높이면서 급성장, 고속성장을 구가하던 시절이었다. 특히 대기업의 성장은 경쟁하듯이 솟아오르는 서울 및 주요 도시의 화려한 고층 빌딩이 입증해 주고 있었다. 이렇게 80년대 한국은 전쟁의 시련을 딛고 일어나 불과 몇십 년 만에 중진국의 대열에 오르게 되면서 세계인들의 주목을 받았다. 그러나 음식도 급하게 먹으면 체한다는 말처럼 한국의 경제발전은 급격하게 이루어졌기 때문에 곳곳에 소화불량의 요소를 떠안고 있었다. 멋진 고층 빌딩의 뒤로 가면 낡고 초라한 집들이 감춰져 있는 도시 풍경이 이를 입증하고 있었다.

해외 사업을 수주하고 국가의 신뢰도를 높이며 국가경제발전의 선두주자 노릇을 해온 대기업은 굵직한 국책 사업으로 엄청난 돈을 끌어모으면서 몸집을 부풀렸다. 젊은이들도 '일단 대기업에 들어가기만 하면 적잖은 급여와 풍요로운 복지가 보장되어 안정적으로 살 수 있는 길'이라 여겼다. 일부는 그 안에서 고속 승진하여 부를 축적할 수 있었다.

반면 중소기업은 회사의 규모나 사정에 따라 차이는 있겠으나 고용이 불안정하고 처우가 열악하여 한곳에 오래 근무하는 경우가 많지 않았다. 뜻있는 직원들은 사업주에게 찾아가 고충 해결을 위해 설득과 협상을 시도하였다. 그러나 당면한 문제는 해결되지 않고 노사 간의 갈등만 표면화되면서 노동자는 일방적으로 불이익을 받는 경우가 많았다. 중소기업에 몸담고 있는 대다수 직원은 거대한 수레바퀴의 미세한 부품에 지나지 않는 자신들의 처지를 뼈아프게 실감해야 했다. 벙어리 냉가슴을 앓듯 온갖 불편과 갈등 그리고 힘없는 자의 비애를 가슴 속에 삭이며 묵묵히 견디거나 조용히 떠나거나 둘 중 하나를 택할 수밖에 없었다. 이렇게 대기업과 중소기업은 처우나 안정성 면에서 천지 차이였다.

그나마 크고 작든 간에 기업의 공통점이 있다면, 회사의 규모와 상관없이 샐러리맨들은 생존을 위해 뼈 빠지게 일해야 했다. 급여 외에 달리 기댈 곳이 없는 대부분의 소시민들은 사업주나 높은 직책의 사람이 생사 여탈권이 쥐고 있기에 출퇴근 시간이 무색할 정도로 누적된 과로를 돌볼 겨를도 없이 사력을 다해 일했다. 업종이나 직책에 따라서는 새벽까지도 봉사하는 경우도 드물지 않았다. 술상무라는 용어도 이때를 전후하여 생겨났을 것이다.

모 일류기업에서 부러움 속에 일하면서 수억대 연봉을 받던 일류대학 출신의 간부가 어느 날 과로사했다는 얘기를 듣던 때였다.

고속성장의 명암이라고나 해야 할까? 그때는 나라 전체가 전쟁 후의 폐허와 빈곤을 극복하려고 총력을 기울였다. 경제발전의 원동력이라는 명목으로 국가의 지원과 혜택을 받은 기업들은 이때다 싶어 서둘러 돈을 벌어들였다.

그러나 실상 경제발전을 견인하던 수많은 근로자, 노동자들의 삶은 나아지지 않고 여전히 궁핍한 채로 노예처럼 일했다. 그럼에도 사회가 성과 중심으로 흘러가다 보니 상당히 경직되어 있었고, 복지나 인권의 문제가 표면화하지 못했던 것으로 기억한다.

당시 대학교 방학 때 직물공장에서 검수 과정의 알바를 했었다는 한 지인의 말에 의하면 가축 사료보다 별로 나을 것이 없는 여공들의 점심 식단에 참담한 기분이 들어 매점에서 과자와 빵으로 끼니를 때웠다고 한다. 또한 4평 정도의 방에 네댓 명이 가래떡을 놓듯 차곡차곡 자야 되는 숙소 환경에 견디지를 못하고 한 달을 못 버티고 그만두었다고 하였다. 매스컴에서는 연일 산업발전의 역군이라 칭송하던 공장 노동자들의 실생활을 목도하고 충격을 받았던 지인은 자기가 평소 너무 호강하고 살았구나 하는 자책감에 오랜 기간 괴로웠다고 토로하였다.

그 당시에는 신문이나 TV로 방출하는 뉴스 외에는 세상일의 실체와 속내를 파악하기가 어려웠던 나는 국가 경제가 눈부시게 발전하고 있다니까 일단 회사에 들어가면 멋진 미래가 펼쳐질 거라는 부푼 꿈을 품고 있었다.

처음으로 들어간 직장은 에어컨을 납품하는 회사였고, 총무부서의 관리직으로 근무를 시작하였다. 에어컨 이용이 사회 전반에 막 늘어나던 추세라 회사의 매출은 과히 나쁘지 않았지만, 기대가 컸던 탓인지 회사 직원에 대한 처우는 적잖이 실망스러웠다.

대기업과 중소기업이 비슷한 속도로 성장하는 게 바람직하겠지만 실상은 대기업은 비약적으로 발전하고 중소기업은 잠깐 반짝하고 어느새 잠식해 버리는 양상을 흔히 보였고, 그때 이미 대기업과 중소기업의 갭은 컸다.

또한 "일은 노동자가 하는데 돈은 기업이 번다."라는 냉소적인 말들이 횡행하기도 했다. 기업에 대한 규제나 제동장치가 느슨하던 때라 대기업은 천문학적인 돈을 벌고, 중견기업도 착실히 부를 축적하던 시대였다.

그리고 절대다수는 중소기업이었다. 고액 연봉을 받으며 신분 상승도 꿈꾸는 대기업 사원이 아니라면 대부분의 셀러리맨의 형편은 비슷했을 것이다. 특히 나 같은 중소기업 종사자에 대한 빈약한 처우와 복지, 임금 체불, 비인격적 대우, 고용 불안정 등이 화려한 경제발전의 그늘이자 급하게 음식을 먹다가 체한 모습들이었다.

70, 80년대 우리나라는 이렇게 빛과 그림자가 공존하는 양상을 보이면서 정부 주도의 급격한 산업화를 일구었다. 그러한 과정에서 사회적 약자 중심의 격렬한 민주화 투쟁과 노동 현장에서의 심각한 갈등을 거치면서 지금의 자랑스러운 대한민국으로 우뚝 성장하였다.

수십 년이 흐른 지금 근로자의 권익은 상당 부분 존중받고 있지만, 기업주와 종업원이 윈윈할 수 있는 수익의 합리적인 분배라는 명제는 여전히 숙제로 남아있다.

386 컴퓨터 등장

　　신문이나 뉴스 등 언론에서는 한국의 경제발전은 날이 갈수록 가속화하고 세계를 놀라게 하고 있다는 등 딴 세상 얘기 같은 소식은 중소기업에 다니는 나의 처지를 더욱 위축시켰다. 자신에게 '이곳에 청춘을 묻어버리기에는 억울하고 서럽지 않겠냐'는 질문을 품은 채 회사에 묶여있는 삶에 신물이 날 무렵이었다. 친구가 운영하는 컴퓨터 조립회사에 놀러 간 일이 있다. 처음으로 접하는 메모리 칩이나 컴퓨터 관련 용어들이 신기했고, 부품을 만지는 게 흥미로웠다.

　　메인보드, CPU, RAM, 운영체제(OS), USB 드라이브, 장착, 쿨러, 부팅 등의 PC 용어는 고향 마을 이름보다 익숙하다. 또한 아직도 선명하게 남아있는 PC 조립 방법은 구구단보다 쉽다. 순서에 맞추어 차근차근 컴퓨터를 만들어 가는 과정은 어린아이가 레고나 블록을 맞추는 것처럼 재미있었고, 성취감도 생겼다.
　　손으로 하는 작업에 관심 있는 나는 회사 근무 중에도 현장에서 에어컨 조립 과정을 어깨너머로 지켜보았다. 에어컨을 조립한 후 실외기와 실내기를 동파이프로 산소 용접하여 연결하는 방식인데, 새로운 전자기기의 작동법에 흥미로워서 한번 해보았던 게 일종의 컴퓨터 조립을 위한 선행 학습이 된 셈이다.

80년대 말부터 90년대 초까지 조립해서 쓰기 시작한 게 286 컴퓨터이고, 이것은 지나치게 단순한 사양으로 불편한 점이 많았다. 이듬해에 업그레이드된 사양으로 386 컴퓨터가 등장하여 한동안 명맥을 유지하게 되었다. 친구의 PC 조립회사에서 배우면서 뭐든 새로 익히는 걸 즐기고, 눈썰미도 있다 보니 기계나 부품을 한 번씩 보면 바로 다룰 수 있었다. 뿐만 아니라 고장 난 것도 잘 고치고 나름 손재주가 있다는 소리를 듣는 내가 드디어 컴퓨터 같은 첨단 기기를 조립할 수 있다는 것에 새로운 의욕이 솟구쳤다.

거기에 PC 조립으로 한국이 IT 강국으로 가는 길목에서 첨병 역할을 한다는 자긍심은 그동안 주저하던 마음에 결단력을 갖게 했다. 드디어 다니던 에어컨 제조회사를 그만두고 PC 조립회사를 차렸다.

당시 가정집은 물론 회사의 일부만 컴퓨터를 사용하던 상황이었고, 마침 컴퓨터를 배우려는 사람은 많아졌으니 수요는 급속도로 늘어나고 있었다. 용산전자랜드 상가에 부품을 주문하고, 도착하는 고속버스에 기사에게 요금을 주면 짐칸에 실어다 주었기에 직접 서울과 대전을 오고 가야 하는 수고도 덜 수 있었다.

우리 대리점에서 PC를 구입한 고객들은 간단한 문제로 이상을 호소하는 경우가 적잖았다. 가령 전원 연결선이 빠져 부팅이 안 되거나, 정전기 패드를 사용하지 않아 부품을 손상되었거나, 케이블 연결 또는 정리가 안 되어 구동에 장애가 생겼거나, 과열되는 등의 단순한 관리 소홀로 인한 컴퓨터 작동 불편 등으로 가게에 방문하였다. 더러는 다른 곳에서 개별적으로 구입한 PU와 메인보드, 메모리, 그래픽카드가 호환이 안 된다고 찾아오기도 해서 조립의 원리를 차근차근 설명해 주면서 은연중에 고객으로 하여금 컴퓨터에 눈 뜨도록 거들어 준 것 같다.

90년대의 컴퓨터는 70년대 초 흑백 TV의 등장처럼 신기하고 흥미롭고 유용한 물건이었다. 대부분 고객들은 PC 사용에 대한 지식이나 기술이 부족했다. 물건을 파는 것 외에도 이러한 고객들에게 대한 서비스 덕분에 우리 가게의 신뢰도는 높아져 매출에도 적잖이 도움되었다.

중소기업 직원이라는 서러움을 딛고 한발 앞선 감각으로 일으킨 나의 사업체로 돈을 짭짤하게 벌 수 있었다. 조립 제품이라는 것이 대기업보다 가격의 1/3 정도여서 상대적으로 소비자들에게는 부담이 적었고, 조립하는 것을 일종의 기술료로 환산하는 판매 마진이 괜찮았기에 도시에서 살아갈 만했다.

386 컴퓨터가 일으킨 PC 붐과 함께 30대의 나이, 80년대 대학생, 60년대생을 일컫는 386세대란 용어도 등장하였다. 그 나이대는 인구수도 많고, 나름 대학물을 먹었고, 삼십 대라 젊고 팔팔하니까 새천년이 맞이하는 변화의 시기에 사회의 주축이 되었던 것이다. 이 용어는 민주화 항쟁기였던 80년대에 민주화 운동에 참여한 사람들을 지칭하는 말로도 쓰이게 되었다.

급변하는 시장 환경, 민첩한 소비자

그런데 위기는 방심할 때 찾아온다고 했던가? 한국은 경제발전만 초고속인 게 아니었다. 한국인의 부지런하고 급한 성미는 많은 변화를 몰고 왔다.

1990년대 말, 2000년도 초에 우후죽순으로 생겨난 케이블 TV를 타고 시청자의 눈을 온종일 붙잡아둔 홈쇼핑에서 낮 시간대 여성들을 겨냥한 의류나 화장품이 불티나게 팔리니 그 붐을 타고 컴퓨터까지 판매하기 시작했다.

그런데 가격을 보니 우리 가게에서 파는 가격과 비슷하거나 약간 낮춘 수준에 사은품까지 한 아름 안겨주는 서비스까지 제공하는 것이었다. 컴퓨터에 대하여 세밀하게 아는 사람에게는 꼼수가 훤히 보이지만, 문외한들을 눈 가리기는 쉬운 일이었다. 홈쇼핑 제품은 용량이나 속도가 대리점 제품보다 약간 낮은 사양이지만 가격을 더 낮추고 이것저것 작은 살림살이는 얹어주는 마케팅으로 소비자들에게 다가간 것이었다.

설상가상으로 오프라인 시장에서는 대기업에서 모든 가전의 직영점을 운영하니 조립시장은 설 땅이 없었다. 고래나 상어가 나타나면 작은 물고기를 순식간에 먹어치우듯 덩치가 큰 기업이 밀려들면 소규모의 업체는 잠식되기에 십상이다. 가령 중소기업의 인기 있는 아이템을 대기업에서 팔겠다고 덤벼들면 자본력, 광고, 체계적인 유통 구조, 기업 인지도에 따른 고객 신뢰감 확보 차원에서 중소기업 제품은 압살될 수밖에 없다. 그러기에 중소기업을 살리기 위한 대책으로 어떤 품목에 대해서는 대기업에 진입 제한이 필요한지도 모른다.

컴퓨터가 등장하던 시기의 초입에 조립시장을 파고든 초기 진입자(early adopter)였던 나는 홈쇼핑의 급물살에 다시 큰 위기를 맞게 되었다. 『손자병법』에도 잘 나갈 때 어려울 때를 대비하라는 말이 나온다. 그러나 그저 일에 대한 흥미와 돈벌이의 꿀맛에 취해 급하게 변화하는 시대에 너무 태만하게 대응하지 않았나 하는 자괴감이 들었고, 스스로가 원망스러웠다.

이후 컴퓨터 대리점 사업을 접고 작은 슈퍼마켓을 운영하면서 우리 살림은 불편하지 않은 정도로 유지하였다. 그러나 그때 역시 대기업이 골목상권까지 파고들어 마트를 체인점 형식으로 운영하니 소규모 마트는 잠식되어 갔다. 또한 마트는 편의점과도 경쟁해야 하니 매출은 점점 줄어들었다. 그나마 다행인 것은 단골을 이용하려는 의리파 손님이 있었고, 거리상 가까운 곳을 찾는 분들도 있었기에 쏠쏠한 돈벌이는 아니어도 그럭저럭 생활할 수는 있었다.

그러나 늘 머릿속에는 '이대로 살아갈 것이냐?'를 놓고 고민이 깊어갔다. 인생이란 게 먹고사는 문제가 해결된다고 해서 만사 오케이는 아니다. 하위 욕구가 충족되면 보다 상위 욕구가 꿈틀거리는 게 인지상정이 아니던가?

수구초심(首丘初心)

　　　　주말에는 가끔 아내와 아이들과 함께 고향에 계시는 부모님을 모시고 외식을 했었다. 어느 날인가 아버님은 "이제 기운 없어서 농사짓기도 어렵구나."라고 탄식을 하셨다. 문득 고등학교 때 배운 "백유지효(白楡至孝)"라는 고사성어가 떠올랐다.

　중국 한나라 때 효심이 가득하기로 유명한 한백유라는 사람이 있었다. 한백유의 어머니는 어릴 때부터 아들이 잘못하면 회초리로 다스리셨는데, 무슨 오기인지 맞아도 도대체 울지 않던 아이가 어느 날은 눈물을 흘리고 있었다.

　어머니가 까닭을 물어보니 "젊어서는 회초리를 때리는 어머니의 손에 힘이 넘쳐서 종아리가 아프고 고통스러웠는데, 늙으시니 힘이 없어져 전혀 아프지 않아 노쇠한 어머니를 생각하니 슬픔과 허망함이 느껴져 울었다."라는 이야기로 효심의 귀감이 되는 고사이다.

　내가 한백유만큼의 효자는 못 되겠지만, 언제라도 청년의 체력과 모습으로 계실 것만 같았던 아버님의 마음 약한 말씀을 들으니 서글퍼지면서 한백유의 심정은 충분히 헤아릴 수 있었다.

　부모님은 연세가 드시면서 농사일 중, 특히 근력을 많이 쓰는 일을 버거워하셨다. 항상 거대하고 단단한 보호막 같았던 부모님의 약해진 모습에 한동안 울적했던 나는 주말마다 고향 집으로 가서 농약을 치고, 제초를 하고 농기계를 작동하는 등의 힘쓰는 작업을 하였다. 그러기를 몇 년이 지나니까 농작업에 재미가 느껴졌고, 고향은 더욱 정겨웠으며 이젠 농사를 지어볼까 하는 마음이 생겼다.

훈훈한 정보다는 이해타산이 앞서는 풍토에 익숙해야 되는 도시 생활이란 게 얼마나 각박한가? 각자 생존을 위해 치열하게 살아가지만 정작 손에 쥐는 게 없고, 마음의 상처만 남거나 건강까지 망치는 사람들이 얼마나 많은가? 필사적인 생존경쟁이나 약육강식의 정글인 도시는 엄청난 자본가이거나 권모술수가 뛰어나거나 온갖 고통과 압박에도 면역력이 강한 인격체들에게는 신나고 스릴 만점의 무대일는지 모른다. 그러나 보통 사람들에게는 서서히 질식하기 좋은 환경인 것 같다. 나 역시 20대부터 고향을 떠나 학교를 졸업하고, 직장에 다니고, 결혼하여 자녀를 키우고, 창업을 하여 돈을 벌다가 불가피하게 접고, 다시 슈퍼 운영으로 생업을 이어가는 격동의 시간 동안 얼마나 마음을 다치고 지쳤던가.

주말에 고향에 가면 냇가 바위에 앉아 오래된 영화 필름을 되감기 하듯 어릴 때 놀던 추억에 젖는다.

동네 아이들과 냇물에 투망치고 작은 물고기를 잡아서 어머님께 자랑스럽게 내밀면 어머니는 금세 국수에 물고기를 통째로 넣은 어죽을 끓였고, 냄새만으로도 벌써 군침이 돌았다. 그날 저녁은 집안 잔칫날이라도 된 듯 들떠서 가족 모두 맛나게 어죽을 흡입하였다. 구석기 시대에 밖에 나가 먹을거리를 가져온 남자들의 으쓱한 심정이 이러했을까? 상상하는 일은 항상 즐거웠다.

또한 여름에 멱감고 친구들과 물장구를 치던 그 냇물에 겨울이 오면 빙판 위에서 썰매를 타고 뒤뚱거리다 넘어지던 기억이 바로 어제의 놀이처럼 생생하다. 고향 집 앞을 울타리처럼 돌아 흐르는 냇물은 어린애들의 놀 거리와 가족들의 먹거리는 물론 농번기엔 농업 용수까지 제공하니 혼자 열심히 일하는 고마운 존재였다.

지금은 경제가 발전한 만큼 어린이들의 놀 거리가 다양해졌지만, 재미를 온통 자연에서 취득했던 농촌 시절이 몹시도 그리웠다. 밖에서 모진 풍파에 시달리다 보면 어머님 품 같은 고향으로 파고들어 원기를 회복하고 싶어진다는 게 남의 이야기가 아니었다.

고향에 가면 도시에서의 경험을 밑거름으로 뭔가 아이디어 번뜩이는 일을 할 수 있을지 모른다. 또한 힘들고 지칠 때는 가장 즐겁고 행복했던 어린 시절을 떠올리며 다시 일어나 살아갈 힘을 얻게 되지 않던가?

5촌(村) 2도(都) 생활

오랜 고민 끝에 드디어 마트를 접게 되었다. 마침 적당한 사람이 나타나 인계하였다. 그러나 고등학교, 대학교에 다니는 아이들의 교육이 아직 안 끝났고, 다니던 학교를 옮기기엔 새로운 환경이 한참 때 아이들에게 정서적 불안정을 가져올 수 있다고 판단하였다. 거기다가 아내는 대전에서 안정적으로 직장을 다니고 있었기에 우리는 절충안으로 주말부부로 지내기로 했다. 나는 공주시 사곡면에서 주중인 5일(5촌)을 생활하고, 주말엔 아내와 아이들이 있는 대전집으로 가서 2일(2도)을 지냈다.

부모님의 논과 밭을 일터로 결정하고, 고향 집에 거주하면서부터 본격적으로 농사에 돌입하였다. 논농사를 짓던 곳 중 1마지기(200평)의 땅에 소 축사를 지어 매년 10여 마리의 한우를 길렀다. 송아지가 태어나 8개월 정도 기르고 나면 출하를 할 수 있어 비교적 안정적인 수입원이 되었다.

반면 전량 추곡수매에 의존하는 벼농사는 농약이나 농기계 작업을 대행업체에 맡기는 실정이므로 수익은 수매금액의 40%도 채 안 되었다. 거기다가 물가 상승을 외면한 쌀값은 몇십 년째 거의 제자리걸음이니 소득에 별로 도움되는 작물은 아니었다. 다만 소가 먹는 볏짚을 조달해야 하니까 겨우 유지하고 있다.

그리고 산기슭이나 논 등 노지에 짓던 표고버섯 농사는 기후에 민감한 특성 때문에 작황이 들쑥날쑥하고 일정량의 수확이 어려웠다. 그리하여 11동의 재배사를 지어 기후의 영향을 덜 받는 조건을 만들어 주었다.

이렇게 설비투자를 하느라 대전에서 사업해 벌어놓은 돈이 들어갔고, 농업기술센터로부터 2회에 걸쳐 귀농자금(융자금)을 받아 버는 대로 갚아 나갔다.

농사꾼으로서 감당할 일들이 많아 고단하고 분주한 와중에서 소소한 즐거움은 있었다. 표고버섯을 출하하느라 면 단위 작목반원들과 트럭에 버섯을 싣고 서울 가락동 시장에 가서 경매에 부쳤다. 돌아오면서 그들과 함께 식사하며 보람과 고충을 나누었고 다음 날 통장에 몇백만 원씩 꽂히니 신명이 났다.

농사가 익숙해지던 그 무렵 부모님은 내게 농사를 거의 맡기다시피 했다. 대전에서 마트 하던 시절부터 주말에 와서 농사일을 거들었고, 이젠 주 중에 본격적인 영농을 하니 아버지는 아들이 당신보다 잘한다며 뿌듯해하셨다.

그럼에도 불구하고 온종일 땀 흘리며 농사짓는 나를 보고 동네 사람들은 젊어서부터 도시에서 살던 사람은 농사를 오래 짓기가 쉽지 않을 거라며 머지않아 도시로 되돌아가지 않겠냐고 예단했다. 육체노동을 피할 수 없는 농사가 결코 쉽지 않기에 그런 말이 나온 것일 텐데 그럼에도 나는 현재 15년이 넘도록 진득하게 고향 땅을 지키고 있다.

고향 집 아버지의 울타리

　　　70년대 이장이나 마을의 지도자를 맡으셨던 아버지에게는 국내 5대 일간지와 농업전문지가 배달되었다. 한학 공부를 많이 하신 아버지는 자식들에게 한자가 섞인 신문 읽기를 권하셨다. 당신 말씀에, 신문을 읽으면 문장력이 좋아지고 한자 실력도 는다기에 처음에는 욕심내어 읽었지만, 나중에는 뉴스거리가 재밌어서 탐독하기도 하였다.

　농사짓기 한참 전이었지만, 무상으로 배달되던 농업전문지도 읽다 보니 농사가 친숙하고 흥미롭게 여겨졌다. 부모가 짓는 농사에 대해서도 더 관심을 갖게 되었는데, 이것은 귀농을 결심하는 데 은연중에 동기로도 작용하지 않았을까 싶은 생각이 든다.

　아버지는 동네의 대소사를 돌보는 리더 역할을 하셨다. 특히 인간관계의 어려움, 생업 문제, 사기로 인한 경제적, 심적 고충, 배움이 부족한 분들에게 중요한 서류를 대신 작성하는 일 등 마을 사람들은 무슨 문제만 생기면 찾아왔다. 그로 인해 우리 집은 늘 사람의 왕래가 끊이지 않았다. 아버지는 시도 때도 없이 들이닥치는 그들을 한 번도 귀찮아하지 않고 따뜻이 맞이하여 해결사 노릇까지 하셨다.

이런 걸 적덕(積德)의 결과라고 해야 하나. 내가 귀농하고 집 앞에 소 축사를 지으려고 할 때 축사를 짓는 일은 악취 문제로 규제가 엄격하기도 하고 필히 마을 사람들의 민원에 봉착하게 되는데, 아무도 반대하는 사람이 없었다. 동네 사람 중 아버지의 도움을 받거나 신세 짓지 않은 사람이 거의 없다고 해도 과언이 아니라는 주변인의 말을 실감하게 되었다.

귀농한 나에게 아버지의 울타리가 견고하고 안전하다는 것에 감사드리는 마음에 나의 영농 의욕은 더욱 고취되었다. 또한 아버지께 신의를 갖고 있는 동네분들에게도 피해가 가지 않도록 노력했다. 축사에서 발생하는 악취 방지를 위해 한우의 식수에 EM(유용 미생물)을 희석하여 공급하고, 천장까지 5면 환기를 하며 관리를 철저히 하고 있다. 덕분에 동물복지를 잘 실천하는 농가라는 평도 듣는다.

어떤 사람들은 귀농을 하더라도 고향이나 연고지는 처신이 어렵고 운신이 불편하여 차라리 무연고지로 가는 게 낫다고도 말한다. 그러나 나의 경우는 고향이 심리적으로 큰 버팀목이 되었다.

그리고 밖에서 들어온 입장에서는 이기적으로 처신하거나 성격적으로 튀면 농촌 사람들 속에 섞이기 힘들다는 걸 알기에 무난하고 원만한 태도와 겸손함을 견지하고 있다. 현재 농촌에서 비교적 젊은 편에 속하는 나는 마을을 위한 봉사 활동의 일환으로 짬짬이 방제단에서 수해, 화제 복구 등의 일을 하고 있다.

위기를 숙명처럼 안고 사는 농업인

　　　　　귀농 후 직접 여러 문제에 부딪혀 보니 예상과는 달리 많은 변수가 생겨서 당황스러웠고, 생활의 어려움을 겪기도 했다. 그래서 대전에서 아이들 교육을 마친 후 시골집에 온 아내는 농사에 서툴기도 하고, 아직 젊은 나이에 집에서 마냥 쉬기에는 무료하므로 공주시의 모 회사에 다니게 되었다. 그것이 은근 우리 가정경제를 유지하는 안전장치가 되기도 했다.

　또한 기후변화로 갈수록 고온다습한 환경이 되니 비록 하우스 안에 있는 표고라도 버섯의 품질이 떨어져서 제값을 받지 못해 적자인 적도 있었다. 게다가 인건비나 원부자재 가격은 해마다 오르는데, 버섯 가격은 제자리걸음이니 표고버섯 재배를 계속해야 되나 하고 심각하게 고민하기도 하였다.
　설상가상으로 참나무 버섯의 대안으로 톱밥을 이용한 배지버섯이 나오면서 값싸고 보관이 용이한 배지버섯으로 수요가 몰리기 시작했고, 가락시장 경매가마저 배지버섯이 더 높았다.

　급기야 인근 지역의 농가들도 하나씩 원목 표고버섯 농사를 접기 시작하였고 내게도 불안감이 엄습하였다. 우리 집도 불가피하게 표고 생산을 1/3로 줄였지만, 아버지 때부터 수십 년 동안 이어 온 농사를 단숨에 걷어치울 수는 없었다. 원목 표고버섯을 재배하는 농가가 줄었으니 공급이 준 만큼 희소성은 높아졌다고 스스로를 다독이며 참나무 표고버섯만의 쫄깃한 식감과 향내라는 상품성으로 승부하기로 했다.

최근에는 농업기술센터 농산물가공센터에서 천연 조미료 용도로 표고 분말을 만들어 출시하였고, 적은 돈으로 다수에게 선물하거나 인공 조미료를 기피하는 사람들의 관심을 받고 있다.

벼농사의 경우는 수매로 넘기는 쌀 가격마저 수십 년째 그대로인데 자재비, 인건비는 오르니 수익은 거의 기대하지 않는 편이었고, 볏짚으로 소먹이를 제공한다는 것에 위안을 삼는 지경이었다.

그런데 한참 값이 좋던 한우는 사육 마릿수가 늘어나면서 수요보다 공급이 초과하는 상태가 되면서 가격이 내려갔다. 엎친 데 덮친 격으로 2026년부터 수입산 소고기는 무관세로 들어온다 하니 한우농가에 닥칠 피해가 심각하게 우려된다. 송아지 가격이 폭락하면서 주변 한우농가는 마릿수를 줄이거나 접는 경우도 적잖았다.

이렇게 생물을 생산하고 다루는 농업인은 항상 위기를 안고 산다고도 볼 수 있다. 기후위기, 수입농산물 유입에 따른 가격 경쟁력 하락, 원자재 가격과 인건비 폭등에 판로가 막히면 암울해질 수밖에 없다. 나라에서 유익한 정책을 펼치기만을 바라보기엔 불안정성이 커질 수밖에 없기에 늘 위기를 대비하고 돌파할 길을 찾아야 한다는 게 농업인의 숙명처럼 느껴졌다.

또한 농업인은 대부분 1인 기업이거나 가족경영인 만큼 판로 개척과 마케팅도 직접 파고들어야 된다. 나의 경우는 대전에서 사업하면서 구축한 인맥을 통한 연고판매를 한 것이 제법 성과가 있었다. 특히 표고버섯 선물세트는 명절상품으로 많이 팔렸다. 선물세트는 부담이 가지 않는 가격으로 단계별로 책정하여 지역의 로컬푸드에 납품하기도 하였다. 이런 오프라인 판매는 그런대로 나쁘지 않았다.

그러나 온라인 판매는 워낙 강자가 많다 보니 진입하기가 쉽지 않았다. 그럼에도 블로그와 SNS를 활용한 마케팅이 어느 정도 성과가 있었고, 지금도 블로그와 연계된 스마트 스토어를 운영하고 있다.

코로나가 창궐하던 시기에는 서로 접촉하기 꺼리는 사회 분위기 때문에 오프라인 거래처가 막히면서 엄청난 타격을 입었는데, 줄어든 매출은 아직도 충분히 회복되지 않았다. 혹자 얘기로는 IMF 때보다 코로나 유행 시기가 훨씬 위태로웠고, 사업을 접는 지인도 많았다고 한다.

이 시기에 과거 홈쇼핑의 악몽을 이제는 깨부수겠다는 심정으로 라이브 쇼핑에 참여해 보기도 했는데, 라이브 쇼핑의 구동 환경이 미흡하고 제한적인 데다 그나마 원활하지 않아 접속자가 적었기에 기대한 만큼 수익을 올리지는 못했다.

15년째 농사를 지으면서 느낀 점은 이 세상에 변하지 않는 것은 없으므로 변화에 대한 유연한 자세를 취해야 살아남을 수 있다는 것이다. 아무리 부모의 가업을 승계했다 하더라도 때로는 냉철한 판단과 단호함으로 작목을 바꾸거나 규모도 줄이거나 접을 수 있는 용기도 필요하다는 것이다. 나도 현재는 아버지가 짓던 표고버섯과 벼농사를 유지하고 있지만, 농업도 생존을 위한 것이니 상황에 따라 변한 수 있다는 걸 유념하고 있다.

86세대로 당시 국가적으로도 변화가 심한 격동기에 태어나 이십 대부터 나름 성실하고 치열하게, 그리고 겸손한 태도로 살아왔지만 순간순간 도처에 복병이 도사리고 있었기에 그것을 끊임없이 헤쳐 나가느라 방심할 수가 없었다. 귀농하여 농사꾼이 된 후로도 항상 긴장하는 자세로 시대의 흐름, 나라의 정책, 농업 관련 트렌드를 기민하게 읽으면서 대비하는 삶을 이제는 숙명처럼 여기고 있다. 그만큼 삶에는 변수가 많으니 민첩하고 유연하게 대처할 준비 태세를 취한다. 그리고 때로는 사람끼리 도움을 주고받도록 처신하는 게 생존력의 핵심이 아닐까 생각한다.

십승지지 체험

　　조선 중·후기 사회 혼란과 경제 피폐가 심해지면서 개인의 안위를 보전하며, 생활을 영위할 수 있는 피난지라는 의미로 십승지지(또는 십승지)라는 역사적 용어가 사용되었다. 『정감록(鄭鑑錄)』 등에 근거하는 십승지는 한국인의 전통적 이상향의 하나로 자연경관과 거주 환경이 뛰어난 10여 곳을 말하며, 대부분 교통이 불편하고 접근하기 힘든 오지이다.

　십승지는 시쳇말로 북한에서 미사일을 쏘려고 해도 레이더망에 잡히지 않는다는 얘기도 있었다. 각종 재난, 자연재해 그리고 전쟁 위험까지 상존하고 있는 한국에서는 근래에 십승지지에 관한 관심이 대두되고 등산 코스, 체험 관광 상품이 곳곳에서 개발되고 있다.

　지금의 공주시 유구읍과 사곡면을 각각 흐르고 있는 유구천과 마곡천 사이의 지역은 십승지지 중 하나이다. 특히 공주시 사곡면 운암리의 태화산 동쪽 산허리에 자리 잡은 마곡사는 대한불교 조계종의 제6교구 본산이다. '춘마곡'이란 별칭에서 알 수 있듯이 봄볕에 생기가 움트는 마곡사의 태화산은 나무와 봄꽃들의 아름다움이 빼어나다.

또한 백범 김구 선생이 을미사변이 발생한 1896년에 일본군 중좌를 살해하고 인천교도소에서 복역 중, 1898년 그곳을 탈출하여 마곡사에 은신하면서 머물다 간 백범담이라는 건물이 있다. 그 옆으로 김구 선생이 해방 후 1946년 여러 동지와 이곳을 찾아와 기념식수를 한 향나무가 아직도 싱그러운 모습으로 자라고 있다.

우리 마을의 자랑인 마곡사에는 이런 역사적인 이야기가 남아 있어 십승지로서 더욱 유명세를 탔는지도 모른다. 마곡사를 품고 있고, 마을을 가로질러 흐르는 마곡천의 물이 차고 맑아 1급수 물고기가 노닌다. 또한 고요한 산으로 겹겹이 둘러싸여 골치 아프고 시끄러운 세상사를 잊고 지낼 수 있는 산속 마을이기도 하다. 어릴 적, 우리 동네에는 서울에서 일부러 십승지라고 찾아 내려와 산 사람도 있었다. 이렇게 마곡사 주변 지역은 등산, 음식, 템플스테이 등 다양한 관광상품으로도 충분히 가치 있다고 본다.

2025년부터 농촌 지역 활성화를 위해 농지에 농촌체류형쉼터를 전용면적 10평까지 건축할 수 있다는 뉴스를 보았다. 문득 우리 집 주변은 상품성으로 어떨까 검토해 본다. 뒤로는 나지막한 산이 바람을 막아주고 앞으로는 개울물이 감싸 돌아 흐른다. 앞마당에서 냇가를 바라보는 과히 비좁지 않은 땅에 체류형 쉼터를 몇 채 짓고 도시 생활에서 부대끼고 지친 사람들이 한 번씩 찾아와 자연으로부터 기운을 얻고 가면 좋겠다는 생각을 해본다.

또한 마곡사 둘레길을 올라 심신을 단련하고 산사의 경건함에 스며들고, 맑은 내에 발을 담가 세속의 찌든 때를 씻어낸다. 그리고

작은 물고기를 잡아 매운탕을 끓이고 텃밭에서 푸성귀를 뜯어 쌈
밥을 먹는 그들의 신선놀음이 눈앞에 멋지게 그려진다. ♣

예비 귀농자의 궁금증 해소를 위한 Q&A

Q. 연고 지역으로 귀농하셨는데 지내기는 어떠셨는지,
이웃 사람들과 융화하는 노하우는 습득하셨나요?

A. 부친의 삶의 터전이고, 귀농 전부터 주말마다 와서 일손을 도왔기
때문에 이웃 사람과도 소통을 해왔습니다. 또한 충청남도와
농업기술센터에서 지원하는 정보화 연구회의 회장을 맡고 있습니다.

Q. 작목이나 축종도 승계받으셨나요?

A. 표고버섯 농사는 사곡이나 인근 신풍면에서 작목반을 이룰 정도로 꽤
많은 농가가 하고 있었고, 마을에서 공동으로 가락동 출하를 하였기
때문에 이어받았고, 벼농사는 기르고 있는 한우의 볏짚을 조달하기
위해서 소규모를 운영하고 있습니다.

Q. 향후의 꿈이나 계획은?

A. 제가 사는 마곡사 주변은 십승지지로 알려져 있고, 산 좋고 물 맑은 곳으로 유명합니다. 집 앞 산자라 밑에 농촌체류형 쉼터를 몇 채 지어 일상에 지친 어른과 아이들의 힐링 장소를 만들고 싶습니다.

7.
행복을
키워내는 농장

대상자: 정회민
귀농 시기: 2018년(30대 초)
전직: 대학교 행정직원
귀농 동기: 행복지수 높이기
생산품: 하우스 딸기(설향, 킹스베리 등)
농장명: 만나딸기농장

유년기에 싹튼 행복 에너지

나는 어릴 적부터 충남농업기술원 딸기연구소에서 연구직으로 근무하시던 아버지의 거취에 따라 논산시 부적면에서 살았다. 딸기 특화지역인 부적면은 물류 창고와 공판장 그리고 사방에 딸기하우스가 즐비하였다. 남쪽으로 논산천이 감싸 흐르고, 동남쪽에는 탑정호를 접하고 있어 농업용수 확보에 유리하고 나름 자연경관이 괜찮은 지역이다.

겨우 걸어 다닐 만한 시절부터 일요일이면 부모를 따라 교회에 간 기억이 난다. 유아 시절부터 귀에 익숙해서인지 엄숙하고 경건한 찬송가나 복음성가는 평온함과 때로는 활력을 선사했다. 무엇보다도 주일학교나 여름성경학교에 가면 맛있는 간식을 먹을 수 있고, 오락을 즐기면서 퀴즈를 통해 상품을 타기도 해 성취감을 맛보기도 했다. 주로 청년들이 맡고 있는 유치부 선생님들이 나를 귀여워해 주시는 것도 일주일이 한두 번이면 기꺼이 교회에 가는 이유이기도 했다.

이런 환경에서 딸기향이 코끝을 자극하는 봄, 사방에 어스름이 잠겨 드는 저녁이 되면 친구와 몰래 딸기연구소 포장에 들어가 크고 잘 익은 딸기를 따 먹던 스릴 만점의 행동은 나를 특히 뿌듯하게 해주었다. 당시 관사에 살고 있었기에 마치 내 농장의 딸기를 친구에게 인심 쓰는 주인장 같은 기분이 들어 어깨가 으쓱하기도 했다.

그러나 마음 한구석엔 교회에 다니면서 정직함을 지니고 선행을 베풀어야 한다는 말씀을 귀에 딱지가 앉도록 들었기에 딸기 서리가 모순된 행동인가 싶어 약간의 가책을 느꼈다. 그러나 그것도 일종의 나만이 할 수 있는 친구들에 대한 선행이라 여겼다. 즉 군것질거리가 빈약한 시골에서 그들의 간식을 제공하는 일이니 하나님도 너그럽게 바라보시겠지 생각하고 스스로를 들볶지 않기로 했다. 그 당시 연구에 몰두하느라 등잔 밑이 어두웠던 아버지가 아셨더라면 철없는 어린애들의 군것질 욕심을 슬쩍 눈감아 주셨을까? 아니면 엄하게 꾸짖으셨을지, 지금도 궁금하다.

초등학교 고학년이 되었을 때, 그 당시 남자아이들에게 전염병처럼 번진 것이 있었다. 2000년대부터 세계적인 선풍을 일으켰던 컴퓨터 게임이 등장하였다. 스타크래프트, 디아블로, 리니지 등의 게임명을 모르면 친구들 사이에도 소외감이 생길 정도였다.

PC게임은 흥미로워 보이는 세계였지만, 난 곧 중학교에 들어가게 되었고, 꾸중하실 게 분명한 부모님과 부딪치는 게 싫어 맛보기 정도로 접하고 지나갔다. 대신 주로 교회에서 활동을 하거나 몇몇 친구들과 몰려다니며 냇물에 들어가 작은 물고기를 잡으며 시골아이답게 지냈다.

비교적 단조로웠던 유년기 시절 난 큰 말썽 없이 수더분하고 잘

웃는 아이였기 때문에 주변 어르신들로부터 밝고 명랑하다는 칭찬을 자주 들었다. 주일학교 선생님들의 귀염을 받고, 맛난 딸기 실컷 먹고, 전원 속에서 자유롭게 뛰어놀던 유년기의 행복감이 지금의 나를 낙천적인 성격으로 만들지 않았나 싶기도 하다.

삶의 방향이 희미했던 20대

　　　　　딸기 박사인 아버지가 논산 딸기연구소에 계속 근무하
시다 보니 나는 중학교까지 논산에서 다니게 되었다. 교회에서는 나
를 하나님의 일을 사역하는 일꾼으로 키우려고 하셨는지 신학교에 보
내면 좋겠다고 진작부터 부모님과 얘기를 나누신 모양이고, 나 또한
그런 제안에 큰 거부감이 없었다. 아마도 모태신앙 덕분일 것이다.

　대학교에 들어갈 무렵, 내가 다니던 교회의 목사님은 신학 한 가
지만 대학, 대학원까지 공부하기보다 대학은 다른 전공을 하는 게
목회자로서의 사고의 폭이 넓어지니까 바람직하지 않겠냐고 하셔서
여러 전공을 고민하다가 사회복지학을 선택하게 되었다. 소위 T자
형 목회자로 성장하고자 한 결정이었다.

　대학 4학년이 되면서 직장을 고민하던 차에 공무원인 아버지는
노후를 생각하면 안정적인 직업이 낫다고 하셨다. 나는 결혼도 해
야 되니 부친의 권유가 어느 정도는 일리 있다는 생각에 졸업과 동
시에 행정 조교 생활을 하게 되었다. 커리어가 쌓이고 나면 시험을
쳐서 행정실 근무를 하게 되는 게 순조로운 길이기는 했다. 그래서
부지런히 기획, 예산회계, 시설운영 등의 행정업무를 익혔다.

　그런데 행정실에서 대학 후배인 일부 재학생들의 당돌하고 갑질

에 가까운 예의 없는 태도에 부대끼는 일이 있었다. '어, 이게 뭐지? 지금 내가 가고 있는 길이 맞나? 나이로는 쟤들과 불과 몇 년 차이일 뿐인데…. 혹시 벌써 그들과 세대 차이가 생기는 건가?'라는 회의와 자괴감이 스며들었다.

마침 그즈음 대학의 학생 수가 줄어들면서 행정 인력이 감축될 거라는 썰이 돌기 시작했다. 정해진 진로로 여겼던 대학 행정업무에 의욕이 떨어져 있었던 차라 아버지께 일을 그만두고 싶다고 했다. 아버지는 펄쩍 뛰시면서 가만히 참고 기다리면 좋은 기회가 올 텐데, 안정된 직장을 팽개치면 어떡하냐고 혼내기도, 달래기도 하셨다. 그러나 안정이 보장된다는 그 일에는 어느새 마음이 떠나버린지라 먹고살 만한 다른 일을 찾아보겠다고 말씀드렸다.

그런데 아버지 걱정도 무리가 아닌 게 서른도 되기 전에 난 이미 같은 학과 출신 여학생과 결혼한 몸이었다. 아내의 숙부는 하우스 짓는 일을 하고 계셨는데, 먹고살려면 뭐든 기술을 배우는 게 좋다고 자기를 따라다니면서 일을 익혀보는 게 어떠냐고 권유하셨다. 가장으로서 돈을 벌어야 하는 내 처지를 실감하며 1년 6개월 동안 하우스 설치 보조 일을 했다.

하우스를 세우는 기둥이나 패널을 나르는 일을 같이하던 아내의 숙부는 "농사가 알고 보면 사람으로 인한 스트레스가 적고, 자식 커가는 걸 보는 것처럼 신기하고 재밌다."라고 하셨다. 또한 당시 인건비, 자재비가 싼 것도 매력이라는 말씀도 덧붙이셨다. 이렇게 잔뜩 긍정적인 얘기만 들어서인지 하우스 설치작업을 하면서 어깨너머로 접한 딸기 재배 기술이나 병충해 등도 별거 아닌 것처럼 보였다. 논산은 딸기 주산지라 일거리는 주로 딸기농장이 많았다.

  같이 일하던 우즈벡 근로자들은 한 달에 30일씩 쉬지 않고 일을 해도 지치는 기색이 없었다. 그러나 난 한참 젊고 팔팔한 나이임에도 주일예배가 있는 일요일 빼고 월 25일 정도 일하는데도 쉬는 날이면 늘 피로에 쩔어 잠만 자려고 했다. 노동으로 단련된 외국인 근로자보다 체력이 허약하다는 것에 한심한 생각이 들었다. 어쩌면 나처럼 부모 세대가 일군 경제력으로 비교적 편하게 자라온 MZ 세대인 한국의 청년 중 노동에 익숙하지 않은 경우가 많지 않을까 싶다.

인도네시아 커피 농장

그러던 중 목사님을 찾아가 지금의 혼란스럽고 착잡한 마음을 다스리고 머리를 식히며 인생의 터닝포인트를 마련해 보고 싶다고 말씀드렸더니 목사님은 인도네시아에 한 달 정도 가보는 게 어떻겠냐고 권유하셨다. 부모님 못지않게 나의 진로를 걱정하고 계신 목사님께 혈육 같은 끈끈함이 느껴졌다. 마침 하우스 설치하는 일에 지치기도 했던 터라 인도네시아로 떠나기로 했다.

인도네시아는 1800년대 중반까지 네덜란드의 식민지였던 국가로 네덜란드인들은 커피 생산에 최적지라는 열대 고산지역에 유럽인들이 즐기는 커피를 심었다. 이것이 인도네시아 커피 재배의 시작이 되었고, 현재에도 인도네시아가 아시아 최고의 커피 생산국이라는 위치는 굳건하다.

내가 도착한 곳은 해발 2,000m에서 양질의 커피를 생산한다는 **지역의 **마을이었다. 마을 사람들에게 커피는 생계수단 이상의 삶 자체였다. 가족 모두 커피 수확, 건조, 가공 및 집하 작업에 참여하였고, 그렇게 그들은 의식주를 해결하고 자녀를 학교에 보낼 수 있었다.

농기계가 많이 보급된 한국의 농사 현장과는 달리 일일이 수작업을 하고 있는 인도네시아 근로자들은 수확하면서 손이 긁히고 생채기가 나고, 가공이 끝난 커피 원두를 지게차 없이 수출용 컨베이어에 들어가 맨발에 등짐으로 집하 작업을 하느라 발의 상처와 근골격계 질환을 달고 살았다.

이렇게 하여 그들이 받는 노임은 원화 기준으로 월 8만 원이었다. 한국의 돈 가치로 환산하면 월 90만 원이 정도 되는 금액이다. 한국에서는 그 돈을 받고 고강도의 작업을 할 한국인은 많지 않을뿐더러 법정 최저임금도 그들이 받는 임금의 2배 이상이다.

그러나 이곳의 커피 농장 사람들은 적은 돈으로 온 가족이 소박하게 살면서 낙천성과 여유를 잃지 않았다. 자신들의 손으로 수확한 커피를 볶고 갈아 끓여내는 시간에 그들은 무슨 의식을 치르듯 노래와 춤을 즐겼다. 일용할 양식을 먹을 수 있고, 향기로운 커피까지 마시게 해주는 자기들의 신에게 감사를 표하는 행위라고 여겨졌다.

또한 그들에겐 자기 마을에서 생산되는 양질의 커피나무에서 자신들의 정성 어린 손을 거쳐 아시아 제일의 커피가 만들어지고, 전 세계 사람들의 행복에 기여한다는 자부심이 대단했다. 내가 머문 집은 한국에서는 100년 전에나 있었을 법한 누추한 가옥이었다. 이곳에서 근근이 살아가는 가족들은 손님인 내게 매일 가장 좋은 음식을 만들어 주고 환대하였다.

더구나 자기들과 같은 동양인의 방문은 처음이라면서 어떤 연대감을 느끼는 건지 더욱 친밀함을 표현하였다. 정작 자신들은 흙바닥 집에서 먹는 것도 변변치 않는데 손님을 최고로 대접하면서 기뻐하는 모습이 의아했다.

동행한 한국인은 무슬림 풍습을 가진 그들은 '손님을 기쁘게 하면 그 복이 자신들에게 돌아온다'는 자기들만의 믿음을 갖고 있기 때문이라고 귀띔해 주었다. 기독교적 관점으로 볼 때는 '남을 자신 같이 섬기라'고 하고, 유교에도 비슷한 가르침이 있듯이 대부분 종교와 사상은 일면 상통하는 점이 있다는 것을 깨달았다.

처음 커피 농장 가족들을 만났을 때는 온 가족이 이 적은 돈으로 허름한 생활을 하면서 어떻게 저토록 행복하고 평화로울까 경이롭고 궁금했다. 그런데 점차 그들 속에 어우러지면서 바라보니, 감사할 줄 알고 옳은 일에 보람을 느끼는 커피 농장 마을 사람들의 삶에 존경심마저 들었다.

커피 농장 사람들은 커피나무가 자신들에게 일용할 양식을 제공하고, 전 세계 사람들에게 힐링과 평온을 주는 향과 맛을 통해 마음의 여유와 낭만을 선사한다는 것에 보람을 느낀다고 한다.

이런 모습은 문득 90년대 말 영화 「초콜릿」을 연상시켰다. 한적한 영국 마을에 나타난 초콜릿 가게 여인은 손님들에게 달콤하고 따뜻한 초콜릿을 만들어 판다. 초콜릿의 달콤한 향기와 맛에 가게를 찾아온 손님들은 자기 이야기를 풀어내면서 덜 아문 상처와 회한으로 굵은 눈물을 보이기도 했다. 그들의 애환이 용해되고 치유되는 과정을 지켜보면서 주인은 자신이 행복을 파는 사람이라고 생각한다.

목사님이 날 인도네시아 커피 농장으로 인도하면서 주신 뜻이 바로 '누군가를 돕고 베풀면서 감사함을 나누고 전파하라는 의미구나.' 새삼 깨달았다. 그들을 보면서 그동안 가졌던 삶의 의미와 가치에 대한 생각에 큰 변화가 일어났다.

빠른 시기의 급속한 성장만큼이나 빈부차가 심해지는 한국은 어떠한가? 한국전쟁 이후 극한의 빈곤 상태에서 벗어나 굶고 헐벗은 사람은 거의 없다. 그러나 경제발전의 반작용이라고도 할 수 있는 과도한 경쟁심으로 상대방을 이기려는 태도와 겉으로 보이는 것에 치중하는 허세, 허영이 만연되어 있는 게 문제이다.

내가 만약 인도네시아에서 비슷한 조건으로, 즉 대학 행정직의 월급을 받고, 하우스 설비업자로 살아간다면 훨씬 마음이 충만하고 행복감을 느꼈을 것이다. 한국인은 불필요한 가치에 연연하며 행복의 기회를 스스로 놓치고 있는지도 모른다.

지금의 인도네시아는 한국의 70, 80년대를 연상시키는 발전 양상을 보이고 있지만, 그들은 밝은 표정과 자기 삶에 대한 충족함 그리고 몸에 밴 감사의 마음으로 주변에 행복 바이러스를 전파하고 있다.

반면 잔뜩 소유하고도 더 가지려 하고, 남을 밟고서라고 이겨야 하는 성취욕구에 휘둘리며 찌들듯 살아온 한국의 행복지수는 언제나 높아질 수 있을까 걱정된다. 국가의 역사와 풍토에 따라 여러 요인이 작용하겠지만, 지나친 대결의식으로 자신들도 모르게 영혼이 피폐해지는 한국의 현실이 씁쓸하게 느껴졌다.

30대에 저돌적으로 덤빈 사업

인도네시아 커피 농장은 내게 중요한 영감을 주었다. 나도 그들처럼 사람의 마음에 여유를 주고 행복을 키워내는 일을 해보자는 것이었다. 그것은 바로 어릴 때 몰래 먹어본 새콤달콤한 딸기의 추억을 되살리고, 하우스 설치를 하면서 어깨너머로 접해본 딸기 농장을 만들고 운영하는 일이었다. 여기에 믿는 구석, 즉 딸기 박사인 아버지가 곁에 계시니 농사를 잘못하면 가르쳐 주시겠지 하는 마음이 작목을 딸기를 정한데 결정적인 역할을 했다.

물론 대학 조교로 근무하면서 익힌 행정업무도 농장 운영을 사업으로 접근하면서 중장기 계획을 세우고 손익계산을 꼼꼼히 따지고 체계적으로 운영하는 자세를 갖는데 기반이 되었다. 이렇게 어떤 기술, 지식, 경험은 필연적으로 엉뚱해 보이는 다른 일에도 연결된다는 것을 깨달았다.

드디어 2018년 가을에는 지난 3년간 대학교 직장 생활과 하우스 설비로 벌어놓은 돈으로 땅값을 제외한 하우스 4동을 매입하였고, 촉성재배 품종으로 알려진 설향을 정식하였다. 설향은 수량성이 높고, 병해충에 강하며, 로열티를 지불하지 않는다는 장점이 있기에 실제 우리나라 딸기 농가 90% 정도가 오래전부터 재배하고 있기에 무난하지 않을까 생각했던 것이다.

첫해 농사는 경영비를 제하고 나니 거의 망한 수준이었다. 농촌진흥청에서 발간하는 재배기술 책자를 대충 훑어보기는 했으나 쉽게 생각하고 무작정 덤볐더니 응애, 시듦병, 흰가루병, 총채벌레 등 딸기에 올 수 있는 온갖 병충해가 한꺼번에 등장하면서 나의 딸기 하우스를 온통 벌레와 바이러스의 종합 전시장으로 만들었다.

농사로 행복을 키우고 전파해야겠다는 일종의 소명의식을 갖게 되었기에 비장한 마음으로 시작한 농사인데 첫해 수확에 실패하니 의기소침해져서 한동안 우울하게 지냈다.

농사를 시작한 게 과연 잘한 일인가, 이러려고 안정이 보장될 수 있는 직장을 때려치웠나 등 자괴감에 휩싸여 허우적거리는 일상을 보냈다. 개구리가 멀리 뛰기 위해 웅크리듯 냉철하고 객관적인 시각으로 자신을 돌아보며 그동안 시행착오의 원인을 짚어보았다. 농사는 절대로 도박일 수가 없다. 꼼꼼히 준비해야 하고 차근차근 그리고 다각적으로 분석하면서 운영하는 게 맞는 것 같다.

좀 더 신중하게 접근한 2년째는 폭망은 아니었지만 기대에 못 미치는 결과였고, 3년째 되면서 수입이 비교적 안정적이었다. 그동안 외지에서 근무하시면서 아들의 농사 때문에 늘 노심초사하시던 아버지는 그해에 은퇴하셨고, 하우스가 있는 집으로 오셔서 당신의 노하우를 전달하셨기에 희망이 보인 것이다.

남보다 이른 결혼을 했고, 이제는 아이까지 태어나니 수입의 안정성을 확보하고자 2019년엔 드디어 대출을 받아 딸기 육묘장 2개 동을 준공했다. 처음에는 1동의 육묘를 완전히 고사(枯死)시키고 또 한 번 실의에 빠지기도 했다. 그러나 실패에도 어느 정도 내성이 생긴 터라 다시 우뚝 일어났다.

육묘장 2개 동 중 1개 동은 재배용으로 활용하고, 나머지 1개 동은 타 지역 딸기 농가와 계약 재배를 실시해 한 동당 연간 2,000만 원 이상의 매출을 올리고 있다. 육묘의 주당 가격도 올라 해마다 매출도 조금씩 늘어나고 있다.

그러나 이때만 해도 아버지는 농사에 관한 나의 모든 도전을 반대하셨고, 융자를 얻으려고 하면 빚 많으면 큰일이라고 땅 꺼지도록 걱정하셨다. 아버지와 부딪히다 보면 의욕이 꺾이거나 주눅 들 수 있으므로 난 일을 시작할 때는 조용히 진행하고 결과가 괜찮으면 아버지께 사후 보고를 하였다.

그럼에도 이런 움직임을 눈치채신 아버지는 당신이 아들을 만류해도 안 되니 지인들에게 "저 녀석 좀 일 좀 못 벌이도록 말려달라."라는 부탁까지 하실 지경으로 초조하게 지켜보고 계셨다.

안정지향적으로 살아온 공무원인 아버지에게 겁대가리 없는 아들이 얼마나 불안했을까를 짐작하지 못한 바는 아니지만 난 팔팔한 체력과 추진력으로 과감히 도전해 볼 수 있는 청년이고 나름 확신도 있었다.

농사 초기에는 돈벌이가 일정하지 않은 데다 육묘장을 짓느라 설비투자를 하기까지 나 대신 묵묵히 직장 다니는 아내에게는 참으로 미안한 일이었지만, 농사를 시작한 3년까지는 아내의 수입을 지렛대 삼았다. 게다가 일정 부분 아버지와 장인어른의 도움도 받았던 염치없는 청년이었다. 그나마 충청남도농업기술원의 청년창업농 지원 사업의 일환으로 1년간 정착지원금을 받았기 때문에 생계유지에 보탬이 되었던 게 다행이었다.

대물림한 연구 개발 DNA

3년째 가을에 접어들어 비교적 안정적인 수익을 올리고 나니 딸기 농사에 대해 제법 눈이 떠지면서 이젠 프로처럼 해보고 싶었다. 무엇보다도 딸기 분야를 연구한 논문으로 박사 학위도 취득한 아버지께 딸기 농사 이론과 실제에 대해 많은 조언을 구했다.

자식 이기는 부모 없다는 말처럼 딸기 재배는 물론 농사짓는 것 자체를 극구 반대하셨던 아버지는 어느새 당신의 딸기 재배 노하우를 아들에게 아낌없이 전하고 계셨다. 그뿐 아니라 부친의 지인이자 딸기 고수들을 소개해 주셨기에 그분들은 찾아 전국을 돌아다녔다. 일종의 아빠 찬스라고 해야 할까. 아버지의 인지도 덕분에 딸기 장인들에게 최신의 농사 시스템을 접하고 기술뿐만 아니라 경영 기법까지 익히게 되었다.

나도 부친으로부터 탐구 기질을 물려받은 것일까? 뭔가에 꽂히면 끝장을 보아야 하는 성미가 오히려 동력이 되어 부지런히 이론 습득과 실습을 병행하여 단기간에 딸기 재배 기술과 요령을 익힐 수 있었다. 또한 과감히 도전할 수 있다는 것은 젊은이의 특권이라 여기며.

두려워하지 않는 내 성미를 이젠 인정하고 응원하시려는 건지 아버지는 과감히 초촉성 재배에 도전하라고 하셨다. 나도 진작부터 설향의 꽃눈분화(*식물이 생육 중에 필요한 조건이 만족돼 꽃눈을 형성하는 일)를 촉진시켜서 조기 출하하면 수익성을 높일 수 있다는 자신감이 있었다. 시설 형태는 ㈜ 고설(수경)재배 방식[1]을 택했다.

초촉성 재배는 촉성 재배에 비해 정식기를 보름 이상 앞당기는 만큼 모주(어미묘) 양성, 포트 자묘 받기, 꽃눈분화 유도, 정식 등 체계적인 육묘 관리가 필요하다. 특히 무엇보다 중요한 것은 모주의 선택이다. 내 농장에서는 육묘 전인 10월까지 모주를 확보하고 있다. 정식 포장에서 발생한 묘(苗) 중 건강한 묘를 선별하여 3월에 모주를 정식하고 8월 말까지 육묘를 실시한다.

또한 딸기를 빨리 생산하기 위해서는 무엇보다도 육묘 후기에 꽃눈분화를 촉진하는 것이 관건이다. 교과서적으로는 흙의 온도를 12~14℃로 유지할 경우 2주 만에 꽃눈분화를 성공시킬 수 있다. 그러나 논산 지역의 기후나 하우스 지열 등의 조건으로 볼 때 해당 온도를 실현하기는 불가능하다. 토양의 온도를 1℃만 낮춰도 꽃눈분화를 3~4일 앞당길 수 있으므로 18℃를 안정적으로 유지하고 보통 한 달 후 꽃눈분화를 하는 방법을 모색했다.

드디어 최적의 온·습도 관리를 위해 지역의 딸기 명인을 찾아가 세심하게 벤치마킹하여 지하수를 이용한 냉풍 장치를 사용하게 되었다. 15~16℃의 지하수가 장치를 통과하는 동안 냉풍을 일으켜

---

1) 가대 위에 재배조를 만들고 배지를 담아서 딸기를 심고 양액을 공급하여 재배하는 방식

여름철에도 포트 내 흙의 온도를 20℃ 내외로 낮춰주기 때문이다. 최근에는 업체에서 개발한 차세대 냉풍기를 추가로 설치해 17℃까지 내릴 수 있게 되었다.

또한 꽃눈분화 기간인 7월 말에서 8월 말까지 한 달간은 꽃눈분화의 중요한 요소인 채광과 차광의 관리에도 심혈을 기울였다. 하루 중 오전 8시에서 오후 4시까지 8시간은 하우스 창을 열어 채광하고, 이후에는 창을 닫고 햇빛이 완전히 차광하고 있다.

이렇게 하여 육묘 시에 꽃눈분화 촉진을 해 정식 시기를 조금만 앞당겨 첫 출하를 하게 된다면 다른 농가에서 물량이 나오기 전 높은 가격으로 출하를 할 수 있다. 육묘를 8월 말에서 9월 초에 딸기연구소에 꽃눈분화 검정을 거쳐 정식하게 되면 (기후에 따라 달라질 수 있지만) 빠르면 정식 후 45일 후인 10월 중하순부터 수확을 시작하여 평균적으로 2개월 후인 11월 초중 순까지 딸기를 딸 수 있게 된다.

빠른 정식으로 조기 출하가 가능하고 지하수를 이용한 냉풍 장치 이용으로 경영비를 줄이니 수익은 자연스럽게 증대하였다. 지금은 육묘장을 제외한 6개의 재배 동에서는 1개 동당 연간 3,300만 원의 매출이 발생하고 있다. 이는 일반 농가보다 10% 정도 상회하는 실적이다.

이러한 매출 증대 덕분에 아버지의 근심거리였던 육묘장 신설과 기존 시설 개선, 설비 도입 등에 소요된 자금의 대출금은 농사 시작 3년 차가 되던 해에 모두 상환했다. 또한 2020년부터 농촌진흥청의 청년창업농 지원 사업의 혜택으로 정착지원금(바우처)을 받았던 게 빚을 갚는 데 큰 힘이 되었다.

아버지의 직장을 따라 어린 시절을 딸기시험장 관사에서 지냈던 덕분에 자연스럽게 딸기는 왠지 친숙하고 키우기도 쉬울지도 모른다는 생각을 하게 되었던 것 같다. 육묘장에서 싹을 틔우고, 하우스에서 건강하게 자라고 있는 딸기를 볼 때면 어릴 적 딸기향과 맛을 취하여 행복했던 추억이 떠오른다.

파랑새처럼 행복을 찾다 보니 어느새 아버지의 대를 이은 길을 가고 있는 나는 연구소 시험 포장 대신에 농장과 육묘장에서 실험하고 연구하며 일하고 있다. 모태신앙만큼이나 친근하게 다가온 딸기 농사를 통해 이젠 행복을 키우는 농장주가 되어가고 있다.

먼저 생각하면 돈이 보인다

초촉성 재배를 실천하면서 조기 출하가 가능하였지만, 기존의 유통망을 통해 출하하는 데 어려움이 있었다. 이미 오래전부터 견고하게 틀이 짜인 유통 구조를 뚫고 나가기에는 장벽이 높았다.

그래서 젊은 딸기 재배 농가 몇몇이 생산자 중심의 유통 구조를 만들어 보자고 의기투합하여 법인을 설립하기로 했고, 회원들에게 초촉성 재배나 냉풍기를 이용한 하우스 온도 조절 등의 내 노하우를 공유했다.

법인 설립 과정은 현재 순조롭게 진행 중이다. 판로는 인근 지역 대형 마트를 개척하기로 했고, 딸기 특화지역인 논산시에서 생산되는 우수한 품종의 딸기는 그곳 마트 MD 전문가들의 충분한 신뢰를 얻고 있다.

직접 딸기를 백화점에 납품하면서 새로운 사실을 발견하게 되었다. 1kg당 6만 원을 호가하는 가격을 개의치 않는 고급 소비자가 있었다. 또한 특별히 입덧이 심한 임산부가 한여름에 딸기를 찾기도 한다. 이들에게 초촉성 딸기를 어필할 수 있다는 것을 알았기에 가장 먼저 딸기를 수확하여 출시하고 싶은 의욕이 생겼다. 비수기의 딸기는 통상 출하기보다 2배가 넘는 가격에 소비자에게 판매되고 있었다.

여기서 딸기 소비의 양극화를 전부 커버하기 위해 제철 과일을 먹으려는 일반 소비자와 돈과 상관없이 먹고 싶은 것을 먹겠다는 소비자층을 양분하여 재배와 판매가격 그리고 유통 전략을 짜기로 했다. 모든 수요자의 욕구에 부응하고자 연중 생산, 연간 상시 출하되는 딸기를 키우고 싶었다. 내 농장에서는 이미 설향 딸기 초촉성 재배가 안착되었고, 새로운 도전으로 크고 탐스러운 비주얼과 당도가 압권인 킹스베리 품종도 재배하기 시작하였다.

꿈을 나누면 행복이 배가 된다

　　　　　논산에 있는 딸기 육묘장과 재배 농장의 운영이 안정
되면서 천안에 1,800평의 땅을 구입하여 딸기 체험 농장을 만들었
다. 논산과 천안에 농장을 둔 내 입장에서 혼자 감당하기가 어려웠
다. 때마침 직장에서 은퇴하신 후 그동안 묵묵히 도우셨던 아버지
께서 육묘나 재배는 물론 경영에 본격적으로 참여하셨다.

　천안에 있는 체험 농장에는 진작부터 아버지, 어머니는 물론 동
생까지 거들고 있다. 체험장의 특성상 어린아이들과 젊은 엄마들이
많이 찾아오기 때문에 그들의 정서를 헤아리고 공감할 수 있는 아
내에게도 농장일을 도와달라고 부탁하였다. 묵묵히 내 일을 응원
해 온 아내는 오래 다닌 직장을 정리하고 체험농장의 프로그램 운
영을 맡고 있다. 이렇게 우리 만나딸기농장과 체험장은 온 가족이
딸기 농장에서 일하는 가족 경영체가 된 것이다. 목회자가 복음을
널리 퍼트리듯 우리 농장은 딸기를 통하여 고객들에게 행복을 전파
하는 복된 일터가 될 것임을 믿고 있다.

　미리 전체 로드맵을 짠 건 아니지만 인도네시아 커피 농장 사람
들처럼 소박한 행복을 찾다 보니 어느새 영화 『초콜릿』의 주인공으

로 빙의(憑依)하고 있는 자신을 발견하고 있다. 고객으로 하여금 초콜릿 대신 딸기의 달콤함과 놀이를 통하여 스트레스 해소와 힐링을 체험하게 하고 있는 것 같다.

우리 농장을 방문한 그들이 삶의 진정한 가치를 발견하여 새롭게 희망을 키워내고 행복을 일궈가길 소망하고 있다. 유년시절부터 경험하고, 느끼고, 생각하고 살아온 행복이란 키워드가 나를 이 자리로 이끈 것 같다.

그리고 또 하나의 꿈이라고 해야 할까? 딸기 애호가라면 당연히 유심히 관찰하였을 테고 관심 가질 만한 것이 있다. 어릴 때부터 지켜본 논산 딸기 재배 방법은 세월이 지나면서 여러 과정을 거치고 진화한 것으로 보인다. 20여 년 전에는 벼 수확을 끝낸 논에다 대나무를 꽂고 거기에 딸기를 심어 수확하는 2모작 광경을 신기하게 여긴 적이 있다. 딸기의 본고장이라는 논산 딸기의 재배 역사상 이런 때도 있었다는 것을 목도(目睹)한 셈이다. 농법은 기후여건이나 노동력 절감 차원에서 발전하게 된다는 것을 알게 되었다.

이런 일들을 회상하면서 나의 농장이 좀 더 확고하게 기반이 잡히면 딸기의 변천사를 살펴볼 수 있는 딸기역사박물관을 만들어 보고 싶다. 딸기의 본고장에서 자라서, 딸기 박사 아버지 조언을 받으며, 딸기 농사를 짓고 있는 내게 어쩌면 자연스러운 꿈인지도 모른다.

지속 가능한 꿈의 원천, 청년농

우리 청년들의 부모세대인 베이비붐 세대가 은퇴하면서 적잖이 농촌으로 들어오고 있다. 그분들은 세상살이의 연륜과 경험치 덕분에 도박하듯 섣불리 접근하지 않고, 서서히 기반을 잡아가는 방법을 취하기에 성공하거나 안정적으로 정착한 경우를 주변에서 꽤 볼 수 있다. 이러한 50, 60대의 귀농귀촌이 대략 전체의 60%가 넘는다고 한다.

반면 베이비붐 세대의 자녀 세대이자 대한민국의 미래가 될 청년들은 잘 살기 위해 앞만 보고 일하며 살아온 부모 세대에 비해 세계관, 가치관이 많이 달라졌다. 또한 기존 농촌인들과도 생활문화의 차이가 크므로 활력이 부족한 농촌에서 기반 잡기가 녹록지 않다.

그럼에도 청년은 고령자의 천국인 농업·농촌에 생기를 불어 넣어줄 희망이므로 최근 (지방자치단체마다 차이가 있긴 하지만) 청년농에 대한 지원 규모도 확대되고, 혜택도 점차 늘어나고 있다. 그러나 청년농, 즉 40세 미만 농가 경영주는 귀농 전체 인구의 10% 정도에 그치고 있다. 특히 청년 후계농보다 농사 기반이 적거나 아예 없어 맨발의 청춘인 청년창업농의 어려움은 더욱 심각하다. 바우처 형태의 지원금이 있으나 그것만으로는 기반 잡기에는 역부족인 현실이다.

이러한 사정을 헤아리고 있는 지자체마다 각종 지원금이나 멘토와 멘티를 엮어주기 등의 귀농 활성화를 위한 다양한 사업이 운영되고 있다. 그러나 실패와 성공을 반복해 온 나의 입장에서 지난 과정을 돌이켜 보면, 청년 농업인들이 영농 창업 후 실패할 가능성을 최소화하여 빠른 정착을 도울 수 있는 교육 시스템이 필요하다는 생각이다.

특히 영농 경험이 부족한 청년들에게 지자체나 정부에서 실습 농장을 임대해 주고, 시설농업 운영 및 영농기술 등 영농창업 전반에 대한 기술 지도를 진행해 주는 '청년창업농 경영실습 임대농장' 사업을 확대해야 한다.

또한 이 사업의 취지는 훌륭하지만, 현재의 실습교육 시스템은 엉성한 면이 있다. 특히 농장주의 역량에 따라 실습생들의 배움의 차이가 크게 달라지고, 자칫하면 실습이 아닌 단순 반복 노동에 그치는 경우도 많으므로 현행 실습교육 시스템의 질적인 개선이 필요하다.

농업 현장에서 더 많은 경험을 쌓으면서 기회가 되어 임대 농장 사업에 참여하게 되면 딸기 농사를 목표로 하는 신규 청년창업농들에게 나의 경험으로 축적한 기술이나 노하우를 나누어 주고 싶다. 나 역시 청년농으로 시작해 우여곡절을 겪은 사람으로서 그들이 얼른 기반 잡도록 돕고 싶다.

국가적인 차원에서도 농업 부문 R&D 사업이 활성화되도록 각별히 관심 가져 준다면 청년들이 새로운 도전을 두려워하지 않고 농촌에 정착할 수 있을 것이다. 대한민국의 중추적인 역할을 담당할 청년은 미래의 희망이고, 농업은 지속 가능한 생명 산업이다. 농촌

에 뿌리내리고자 하는 청년이 꿈을 키우고 안착하도록 도와주고 희
망을 함께 나누면 행복 에너지도 커질 것이다. ♣

〈참고 자료〉
– 『농업인 신문(2021. 4. 9.)』
– 『한국성결신문(2023. 1. 4.)』
– 『디지털농업(2023년 11월호)』

예비 귀농자의 궁금증 해소를 위한 Q&A

Q. 아직도 청년이 맨땅에 헤딩하기 어려운 현실인데 돌파할 수 있는 팁은?

A. 작은 규모의 하우스를 임대하여 농사를 지어보면서 같은 농사를 짓는 주변 농업인과 기술적인 부분, 정착 노하우를 습득하면서 규모를 키워가는 게 위험부담을 줄이는 길이라고 생각합니다.

Q. 청년층 귀농의 경우 보조금, 융자가 많은 편인데요?

A. 보조금은 초보 농부에게는 거의 해당하지 않습니다. 그리고 농업 융자의 이율이 낮다고는 하나 빚은 적을수록 압박감으로부터 자유로우니 최소한의 융자를 받으며 서서히 자산을 늘려가는 게 안정적이라고 봅니다. 또한 지렛대가 될 만한 자기자본이 어느 정도 확보되어 있어야 감당할 수 있습니다.

8.

디지털로
아날로그를 살리다

대상자: 김진아

귀농 시기: 2006년

전직: 개성공단 냉난방기 사업자

귀농 동기: 사업 철수, 가업승계

생산품: 사슴, 밤(&가공), 표고버섯, 미니단호박, 샤인머스켓

농장: 산새농원(블로그)

이
야
기

순
서

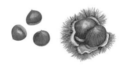

개성공단 사업

　　19년 전 우리 부부는 일산신도시에 살면서 개성공단에 입주하여 냉난방기 사업을 나름 재미나게 하고 있었다.

　개성공단은 김대중 정부의 햇볕정책의 일환으로 북한의 개성시 판문구역 봉동리에 위치한 공업지구로, 남북공동 경제사업을 통한 경제적 교류를 촉진시키기 위해 설립되었다.

　남한 입장에서는 남북 교류를 활성화하여 통일 후 일어날 충격을 대비하고, 상대적으로 인건비가 저렴한 북한 노동력을 활용해 경쟁력 있는 상품을 생산할 수 있었다. 나아가 개성공단 사업을 통해 북한의 개혁 개방을 일부 유도하고, 자본주의 경제 체제를 학습시킬 수도 있다는 포석을 두고 있었다. 북한 역시 일자리 창출을 도모하고 지역 경제를 활성화시킬 수 있기에 양쪽이 윈윈하고자 생긴 개성공업지구이다.

　개성공업지구를 만들기 위해 2000년에 현대아산과 북한과의 실무 합의가 시작되었고, 2003년 6월 착공하였다. 2004년 6월에는 시범단지에 식기회사로 리빙아트, 의류회사로 신원 등의 15개사가 입주계약을 체결하였고, 2005년부터 업체들의 입주가 시작되었다.

이 공업지구는 2013년부터 실무 협약을 거듭하면서 중단과 가동을 반복하였지만 2016년 북한의 4차 핵실험과 광명성호 도발로 인하여 2월 10일, 박근혜 정부의 대북제재 이행 발표로 가동을 전면 중단하게 되었다.

- 한경 경제용어사전 발췌

이렇게 정권이 바뀜에 따른 대북 정책 기조의 변화로 우리는 사업을 정리하게 되었다. 나라의 정치나 정책의 영향으로 개인사업자들의 안정성을 보장받지 못한다는 것에 충격과 상실감은 엄청났다. 한참 혼란스러운 상태에서 앞날은 뚜렷하게 손에 잡히지 않았다. 일단 기운을 추스르고 재기의 발판을 마련하자는 결론을 내리면서 부모님의 삶의 터전인 공주시로 내려가 더부살이하게 되었다. 달리 뾰족한 방법이 없기도 했으니 흔쾌히 받아들이기로 했다.

결혼하면서 수도권의 도시에서 10년 정도 살았던 만큼 도시 생활에 익숙한 우리 가족은 충남 공주시 신풍면에 들어오면서 아이들 학교나 문화시설이 부족한 것에 아쉬움을 느꼈다. 다행히도 자동차로 이동하며 부족한 부분을 해결하면서 어느새 시골 생활에 익숙해졌다.

다만 부모님이 계신 곳이라 자칫 잘못하면 부모님께 누가 되지 않으려고 조심하면서 지내는 게 부담스러웠던 것은 사실이다. 그나마 자상하고 상대방의 맘을 잘 헤아리는 남편이 시부모와 며느리 사이에서 가교 역할을 매끄럽게 하여 큰 충돌은 피하려고 했다. 오히려 전통적 사고방식을 가진 시부모의 의지에 자꾸 도전하려는 남편을 만류하느라 내 입장이 난감한 적도 있었다.

젊은 우리 부부는 오랜 농사로 근골격계 질환을 달고 사시는 연로한 시부모를 도우며 당신들이 하기 어려운 일들을 찾아 해결하려고 나름 애를 썼다. 농사에 새로운 기술을 도입하여 실천하는 일이나 몸을 써야 하는 축사 관리 등은 남편이 도맡아 했고, 나는 유통이나 마케팅에 관심을 갖기 시작했다.

남의 시선에 크게 구애받지 않고 익명성을 즐기며 자유롭게 살아온 도시인들은 주변 사람들의 지나친 관심이나 간섭을 대단히 거북스러워한다. 더구나 동네는 물론 면 단위 정도의 지인들은 집안 사정을 뻔히 다 아는 게 시골의 속성인지라 고향으로 내려가는 것에 처음엔 썩 내키지 않고 착잡한 심정이었다.

그러나 다행히도 지역 원주민이고 농사에 고수인 부모님은 우리가 어렵지 않도록 배려하셨고, 친인척들도 "도회지에 살던 젊은 사람이 군말 없이 농사짓는다."라고 대견해 하며 이것저것 필요한 것들을 챙기고 도와주시니 고향에서의 나날은 그럭저럭 순탄하게 흘러갔다.
마을 사람들은 대부분 연세가 많으니 겸손하고 예의 바른 태도로 더러 그분들 언사가 불합리하게 생각되거나 못마땅해도 토를 달지 않고 차라리 묵묵히 넘기는 게 농촌에서의 생존에 유리한 팁이 되었다.

뒤꿈치 골절

      귀농 후 몸만 성하면 2~3년 안에 계획한 모든 일이 다 잘되리라고 생각했는데, 성급하면 탈이 생기나 보다. 이듬해 남편은 늦은 겨울 진눈깨비 내리는 아침에 미끄러운 슬레이트 지붕을 고치러 올라갔다가 떨어져서 뒤꿈치가 으스러지는 사고를 입었다. 농작업을 하려면 자주 좁고 울퉁불퉁한 논과 밭을 다녀야 하는데 뒤꿈치 골절은 농사일에 치명적이었다. 빨리 기반을 잡고 싶은 마음과 일 욕심에 제동이 걸리면서, 모든 일은 차근차근 순차적으로 해 나가야겠다는 교훈을 얻은 것 같다.

  농사꾼에게는 몸이 재산이다. 다치면 그만큼 휴업 기간이 길어져 차질이 생기고, 가족들도 같이 고생하며 괜한 신경전을 치를 수도 있다. 젊다고 몸을 아끼지 않는다고 걱정하시는 부모님은 농사는 길게 봐야 되고 평생의 업이 될 수 있으니 절대로 과로하지 말라고 자주 타이르셨다.

  그러나 우리는 개성공단 사업을 접으면서 자산도 정리하고, 그동안 벌어놓은 돈도 다 잃고 빈 몸으로 부모님 보금자리로 내려왔던 터이다. 남편은 시부모 눈치를 보며 아이를 업고 농사일을 돕는 내게 미안한 마음이 커서 쉴 수 없다고 하였다.

　농사가 사실상 처음인 우리는 서툰 기술자였으나 시간이 지나면서 뭐든 빨리 습득하였다. 더구나 컴퓨터에 익숙한 세대인 만큼 재래식 유통과 판매 방식에 온라인 마케팅을 추가하니 전체 수익이 늘어나고, 부모님도 안도감으로 밝은 표정을 지으셨다.

삼대째 대를 이은 표고버섯 농사

　　　　　향이 좋고 식감이 쫄깃한 원목표고버섯이 2020년 12월 기준으로 16kg(콘티박스) 당 고품질은 30~50만 원 선을 하는 정도로 인기가 높아 우리 집안은 원목표고버섯을 3대째 재배하게 되었다.

　그러나 추운 겨울에는 가격은 높지만 생산량이 많지 않아 큰 소득은 되지 않는 상황이었으므로 생산량을 늘리기 위해서 수막 재배[1]를 처음으로 시도해 보았다. 드디어 수막 재배의 결실로 생산량은 많아졌는데 또 다른 장애물이 앞을 가로막았다. 과습으로 표고의 품질이 낮아 가격을 덜 받았다. 이번에는 온도는 높이면서도 습기는 빼는 방법을 여러 차례 시도한 결과 성공하였다. 그 결과 겨울철 평균 단가가 20만 원/16k(콘티박스)를 기록하게 되었다.
　문제가 생기면 그냥 넘기지 않고 집요하게 원인을 파고들어 해결책을 마련하고야 마는 남편은 별다른 비용이 들이지 않고 자체적인 제습 연구를 성공시키면서 시설 내에 습도가 높아지는 11월, 4월이나 비가 올 때도 상대적으로 고품질 표고버섯을 독보적으로 생산하

---

1)　시설의 피복면에 지하수를 살수하여 수막을 형성함으로써 보온을 가능케 하여 작물을 키우는 방법으로, 겨울철에 실시하는 재배 방법의 하나이다.

게 되었고, 거의 전업 규모로 생산 시설을 대폭 늘리게 되었다.

이렇게 여러 궁리를 하며 어려움을 다 극복한 줄 알았는데, 또 다른 복병이 도사리고 있었다. 최근 가격도 저렴하고 크기가 균일한 배지표고버섯의 활성화로 가락시장에서의 원목 표고버섯의 봄, 가을 경락단가가 계속 떨어졌다. 이런 상황에서 표고버섯 재배를 포기하는 농가가 생기기 시작하였다. 서민들에게 가격이 싼 것만큼 매력적으로 다가오는 것은 없기에 고품질 원목표고는 소비자들의 선호도에서 뒷전으로 밀리는 신세가 되었다.

하지만 우리는 별도의 난방비용 없이 겨울철에 고품질 표고버섯을 생산할 수 있는 기술을 발굴하면서 경쟁력이 있다고 예측하고 투자를 계속하였다. 그런데 겨울철 고품질 원목표고버섯 경락가마저도 계속 떨어져서 결국은 직거래할 물량만 유지하고 표고버섯 재배를 줄이게 되었다.

나중에 알게 된 바로는 경락가 폭락의 주된 이유가 일본의 경제가 계속 하락하면서 내수가 위축되니 고품질 원목표고버섯의 일본 수출이 대폭 줄어든 까닭이었다. 농산물 가격이 인근 국가의 경제 상황에 따라서도 크게 좌우된다는 것에 새로운 긴장감이 갖게 되었다.

천덕꾸러기가 산새농원의 대표 브랜드가 되다

그동안 만 평 정도의 밤 산을 부모님이 경작하고 계셨다. 품종이 여러 가지 섞여있어 분류하느라 수확 기간 내내 온 산을 살피고 찾아 헤매고 다녀야 했다. 병충해에 약한 품종도 많아서 선별에 각별히 신경 쓰느라 품이 더 드니 노동 대비 생산성이 많이 떨어졌다. 고민 끝에 단위면적당 생산량은 적지만 고품질이고 소비자 선호도가 높은 품종 위주로 밤나무를 바꾸기 시작하였다.

그런데 자식처럼 정이 든 20~40년 된 밤나무를 잘라내고 대보밤으로 갱신하려고 하자 부모님께서는 그동안 공들여 농사지은 것이라며 몹시 애석해하셔서 세대 간 의견 충돌이 생기고 적잖은 갈등을 겪어야 했다.

부모 집에 들어온 자식이 오래된 농사 환경에 갑작스러운 변화를 일으키면서 시부모님은 당신들의 섭섭한 마음을 드러내셨다. 남편과 시부모의 의견이나 방식 차이로 인한 갈등에 난 때때로 곤혹스럽기도 했지만, 부자간의 애정과 야속함 사이 아슬아슬한 줄타기는 어느새 해결점을 찾고 잘 넘어갔다. 혈육이 끈끈함이란 이런 거구나 느꼈다.

부모의 서운함을 희석시켜 드리고, 자식의 방식에 설득력을 얻기 위해서는 돈을 많이 벌어야 했다. 부모님이 농협이나 산림조합에 납품하던 밤을 중간 마진이나 수수료 비용을 줄이고 수익을 높이려고 우린 직거래를 시작하였다. 온라인 직거래에 농업기술센터에서 배운 블로그 교육이나 스토어팜(스마트 스토어) 교육이 큰 도움이 되었다.

3년 전에는 농협 수매가보다 스마트팜에서는 대보 밤 1kg당 두 배 가격으로 판매하기도 하였다. 식미가 우수한 품종인 대보는 완판되었다. 그 이후로 판매가격이 계속 올라 1kg에 9,900원을 받고 판매한 적도 있다. 어떤 때는 직거래로 농협 수매가의 3배 가까이 받을 수 있다는 것에 놀랍다. 여러 유통 단계를 거치므로 값이 올라갈 것이겠지만.

온라인 직거래 판매로 흥미를 느낀 우리는 당도에 관한 5년여 년에 걸친 남다른 탐색과 연구를 통하여 2020년에는 23brics(브릭스, 당도 단위)가 나오는 품종의 대량 상용화에 성공하였다. 그 결과 선물용으로 릴레이 구매가 이루어지는 등 소비자 반응이 폭발적이었다. 부모님도 서운함은 잊으신 듯 대견해하시는 표정과 미소를 지으셨다.

품종이 산재되어 수확과 선별 과정에서 일손을 많이 필요로 하고 출하 시에도 제값 받기가 어려웠던 밤이다. 그 천덕꾸러기가 이젠 막내아들의 머리통을 닮아 소담한 공주 대보 밤으로 변신하여 '산새농원'의 대표 브랜드가 되었다. 내친김에 틈틈이 산을 개간하여 전체 밤 경작면적을 15,000평으로 늘렸다.

미니 단호박, 보우짱의 반란

　　　단호박 역시 부모님 때부터 줄곧 심어오던 작물인데, 단위면적당 소득은 높지 않은 품목이다. 귀농 이후 아지지망, 구리지망, 만냥 등 여러 품종을 두루 경작해 왔지만, 단호박은 저장성(수확 이후 저장 중에 잘 썩어서)이 취약하다 보니 도매가격이 낮게 형성되고 있었다.

　부모님께 이젠 단호박 좀 그만 좀 심으시라고 해도 부모님은 안 심어도 어차피 농협조합원 회비는 나가는데 아깝게 땅을 놀리냐며 단호박 농사를 근근이 이어가셨다. 이런 부모님과의 타협점을 찾아 현재는 그중 맛이 제일 좋다는 미니 단호박(보우짱) 계열의 품종만을 재배하고 있다.

　그러나 아무래도 단호박 시설 재배는 수박이나 풋고추 등보다 경락가가 낮아서 소위 가성비가 낮고 돈이 별로 안 되니 이 지역에서는 거의 재배하지 않는 작목인 것이 문제였다.

　그러나 결혼 후 개성공단 사업의 부침을 시작으로 여러 시련에 부딪혀 왔던 우리 부부는 생존을 위해 도전적이고 모험적인 태도가 익숙해졌다. 어떤 문제가 발생하면 결과에만 승복하지 않고 어느새 원인을 찾고, 해결 방법을 모색하여 새로운 가능성을 얻고자 애쓰고 있었다. 이미 밤에 대한 당도실험에 성공한 후 수량 증대에 확신이 생기고 자신감이 높아진 터이다. 여기에 출하 노하우까지 더해지면서 단호박, 보우짱의 몸값이 오히려 수박보다 높아졌다.

그러던 중, 2020년 가을 재배는 작황이 좋지 않았고, 상품성도 떨어졌다. 우리 부부는 습관처럼 세밀하게 원인을 분석하고 수없이 실험한 결과, 착과와 당도 증대에 성공하였다. 덕분에 대전시에 있는 대형 마트에 시범적으로 납품한 결과 소비자 반응이 좋아 독점 공급 요청을 받게 되었다.

밤과 단호박의 상품성을 높이고자 치열하게 씨름하는 가운데, 단호박 재배를 두고 전통 방식을 고집하시는 부모님과 순간순간 작은 전쟁을 치러야 했다. 부모님과의 불협화음과 설득 과정에서 냉탕과 온탕을 오가는 심정이었고, 적잖이 지치기도 했다. 그럼에도 신·구 방식 간의 갈등 속에서도 우리의 재배 및 출하 방식을 차츰 적용시켜 나갔다.

이후 재배 물량을 늘였다. 100㎡ 시설 하우스 6동에 단호박과 수요가 꾸준한 블루베리 그리고 젊은 층의 인기가 높은 샤인머스켓 등을 추가로 재배하고 있다.

보약도 유행을 탄다

        부모님 때부터 30년 가까이 사슴을 키웠다. 귀농 후 남편은 빠른 기술 습득을 위해 뒤꿈치 골절 때에도 목발을 짚고 다닐 정도로 사슴 교육을 열성적으로 받았다. 10년 전에는 자비를 들여서 대구에 가서 1박 2일로 교육을 받던 중에 마케팅 전문 강사님한테 녹용 소비 전망을 질문드렸더니 "지는 홍삼, 뜨는 녹용"이라고 광고문구처럼 인상적인 한마디를 해주셨다.

  비교적 고가인 녹용은 1997년 IMF를 기점으로 소비가 감소했고, 이에 따라 사슴 사육 마릿수도 전국적으로 70% 정도 줄어든 상황이다. 15년 넘게 농사를 짓다 보니 농산물에도 분명 트렌드가 있다는 것을 알게 되었다.
  여기엔 소비자 기호나 기후변화 등이 작용한다고 볼 수 있다. 몇 년 전까지만 해도 너도나도 심던 작물이 지금은 누가 좀 캐가길 바라는 애물단지로 취급되는 일을 흔히 볼 수 있다. 반면 여태 아무도 쳐다보지 않던 과수나 산채류는 건강을 꾸준히 지켜준다 하여 귀하신 몸이 되어있다.
  어느 마케팅 강사의 임팩트 있는 어구처럼 오래전부터 보약으로 각광받고 작물도 유행을 탄다는 것도 새로운 발견이었다.

그러나 유행이란 돌고 돈다는 말이 있듯이 어떤 새로운 변수가 나타나면 또 바뀌기도 한다. 2000년도 말 글로벌 산업 위기의 여파로 한국의 경기가 침체되면서 녹용의 주 수입국인 뉴질랜드 역시 사슴 사육 마릿수가 대폭 줄어들었고, 예로부터 녹용 선호도가 높아 거대한 소비국인 중국 경제의 급부상으로 자국 소비를 충당하느라 중국산 녹용의 수입이 어려워졌다.

게다가 난데없이 어느 홍삼 판매 전문회사가 뜬금없이 녹용 광고를 TV에 계속 내보내는 바람에 녹용에 대한 소비자의 관심이 다시 높아졌다.

때마침 정부의 축사허가제 도입으로 축산농가에 깐깐한 규제를 적용하니 사슴 사육에는 문턱이 높아진 것이다. 기존 사슴 농가에게는 희소식이었다. "일이 잘될 때는 좋은 일들이 연달아 온다."라는 어른들 말씀에 수긍하였고, "쇠뿔도 단 김에 빼라."라는 속담이 솔깃해졌다.

이러한 상황들을 종합적으로 고려할 때 '녹용 소비는 늘고, 공급은 줄 거'라는 전망이 어렵지 않았기에 녹용 생산에 집중투자를 결정했다. 2018년에 건평 450평의 축사를 짓기 시작하여 2020년 봄에 완공하였다.

당시 녹용 가격은 역대 최고가를 기록하였다. 축사 부지 가격 또한 지자체의 신규 규제로 인하여 2배씩이나 오르고, 축사 또한 1~2억씩 프리미엄이 붙어서 거래가 되고 있었다.

더구나 사슴은 65% 이상이 가공품으로 직거래 되고 있어서 비교적 외부의 위험 요인에 의한 영향을 덜 받아서 경영의 안정성을 유지할 수 있는 게 장점이다.

그러나 한때 좋았다 하여도 늘 그 영광이 유지되는 것이 아니다. 반면 "쥐구멍에도 볕 들 날이 있다."라는 속담처럼 전에는 아무 쓸모 없어 홀대받던 존재도 유익성이 부각되면 몸값이 치솟는다. 그래서 변화에 기민해져야 한다.

무엇보다도 인구구조와 소비자 선호도 변화로 인하여 보약도 유행을 타기 때문에 녹용이나 홍삼을 대신할 건강식품이 언제 깜짝 등장할지도 모르기에 대비해야 할 것 같다.

코로나도 꺾지 못한 나의 꿈

한참 의욕적으로 일하는 동안 코로나라는 불청객이 한국은 물론 전 세계를 강타하였다. 그 여파가 우리 가족에게도 비껴가지 않았다. 답답하고 불편하고 아픈 나날을 한참 동안 숨죽이고 견뎌야만 했다.

다시 새로운 시작을 알리는 봄이 되면서 연푸른색으로 생명력을 과시하는 들판도, 하우스의 작물도 싱그러운 젊음을 과시하며 건재함을 드러내고 있다. 겨우내 움츠리고 있던 사슴들도 꼿꼿한 자세와 에너지 충만한 얼굴로 주인을 반기니 사람도 덩달아 활기를 되찾는다.

농사에 관한 오랜 노하우를 가진 시아버지는 여전히 사슴을 정겨운 표정과 익숙한 손길로 살피고 다니시고, 무엇보다 농사 선배이니만큼 밤이나 단호박 농사에도 간간이 코멘트를 하신다.

귀농 멘토이기도 한 지인의 가공 사업장에서 녹용즙을 만드느라 금세 반나절이 지나간다. 또한 밤을 로컬푸드에 내보내고, 스마트 스토어에서 주문받으려면 인터넷에 자주 들락거려야 한다. 올해의 단호박을 심고, 샤인머스켓의 가지를 곱게 쳐주려고 분주하게 움직이다 보니 하루가 아니 한 달이 주마등처럼 지나가는 것 같다. 새봄이 되면 농사꾼은 오롯이 농사만 바라보고 움직이게 된다. 그 밖의 일을 생각하거나 음미할 여유가 별로 없다.

귀농 후 18년이라는 세월이 흘렀지만, 아직도 걸음마 단계인 우리 집의 농사 현실을 바라볼 때 성공한 부농의 길이 요원한가 싶어 긴 한숨이 나올 때도 있다. 그래도 지나간 힘든 고비를 되새기며 스스로 잘 견디며 살아냈다는 위안과 안도감을 갖게 된다. 지금 이 자리가 나의 버팀목이 되고 탄탄한 미래를 열어줄 거라는 기대감엔 변함이 없다.

전통 작물을 재래식으로 농사짓기를 고집하는 부모님과의 불협화음으로 심정적으로 고단한 과정을 거치면서 여기까지 왔다. 부모님도 우리 가족도 이젠 절충점을 찾은 것 같다.

1세대인 부모님이 소중하게 여기는 기술이나 관행을 존중하되, 2세대인 우리는 당도 증대나 마케팅을 통하여 소득을 높이고 있다. 두 세대 간 일종의 룰을 정해진 것이다. 부모님도 새로운 도전의 효과가 가시적일 때는 우리를 인정하는 식으로 자연스럽게 양보와 역할 분담이 이루어졌다.

온고지신(溫故知新)의 일환이라고 해야 할까? 부딪치고, 분열하고 다시 화합하는 가운데 '디지털(온라인)로 아날로그(전통 방식)를 살리는 농사'는 자녀들까지 3대가 협업하며 서서히 진행되고 있다.

그리고 가족농으로서 농업 생산성과 경영의 효율성을 높이기 위해 마케팅과 유통에서 프로의 경지에 이른 농가들과 윈윈하려고 한다. 또한 온라인 판매에 밝은 귀농인은 물론 전통 방식을 고수하는 토착 농업인들과도 서로의 노하우를 공유하며 도우려고 한다.

점차 사업이 탄탄해지고, 소득이 쑥쑥 늘어나면 창출된 잉여가치를 멋지게 사회에 환원할 수 있는 그날이 오기를 소박한 농부의 마음으로 염원하고 있다. ♣

예비 귀농자의 궁금증 해소를 위한 Q&A

Q. 복합영농일 경우 어떻게 운영하는 게 합리적일까요?

A. 연중 꾸준히 생산되어 출하가 가능한 작목이나 축종이 하나 정도 있으면 좋겠고, 나머지는 시기별로 수확하여 유통, 판매가 가능한 작목을 선택하는 것이 좋습니다. 즉 농한기가 너무 길지 않도록 작물은 적절히 안배하는 게 합리적이라는 생각입니다.

Q. 아무것도 없이 무연고 지역으로 귀농이 쉽지 않기에 앞으로는 귀농으로 2대, 3대가 가까이나 같이 사는 경우도 생길 수 있는데, 가족 간에 불가피한 갈등 해소를 위한 적절한 대안이 있을까요?

A. 가족 중 누군가가 중재나 조율하는 경우에는 수월하지만, 안 그러면 가족들과의 관계 갈등으로 인한 스트레스로 영농 의욕이 꺾일 수도 있습니다. 아무리 친한 사이라도 서로 불편하지 않을 정도의 거리를 두고, 간섭을 자제하며 점차 서로에게 익숙해지도록 노력하는 방법도 있습니다.

또한 자자체 등에서 귀농자와 토착 농업인이 함께 참여하는 갈등 관리 프로그램을 만든다면 귀농 여건은 더욱 좋아질 것 같습니다.

9.
물소 타는
소녀

대상자: 이수정

귀촌 시기: 2009년(20대 초반)

전직: 전업주부

귀농 동기: 결혼 후 귀촌, 나만의 직업 찾기

생산품: 절화, 분화 생산 및 판매

상호: 주플라워

이
야
기

순
서

물소 타는 소녀

이 녀석은 나를 경계하기는커녕 눈빛을 보니 오히려 보살피는 것 같았다. 10살쯤 되었을 때인가. 오빠가 뇌경색으로 세상을 떠난 후 나는 오빠 대신 연로하신 아버지를 도와 소를 키웠다. 내 임무는 주로 소에게 먹이를 주는 일이었는데, 평소 낯선 사람에게는 깐깐한 녀석이지만 어린 내가 자기에게 밥 주는 몇 번 보더니 가까이 다가가면 다정한 눈빛을 지었다.

그렇게 나는 소와 친해졌고, 만날 때마다 "오늘은 논밭 갈이 하느라 고단하지 않았냐, 기분은 괜찮으냐."라고 대화하면서 신선한 먹거리를 챙겨다 주었다. 소의 심기를 잘 보살핀 덕인지 더러 교통수단처럼 그 녀석의 등에 올라타고 시장에도 다니는 특권을 누리기도 했다.

어린 시절 나는 그야말로 천방지축이었다. 무엇이든 겁나는 게 없었다. 아무리 위험하고 불안스러운 일이라 해도 '그까짓 거 하면 되지 뭐.'라면서 전진하였다. 이렇게 저돌적이고 팔팔한 성미는 자칫하다 다치지나 않을까 노심초사하는 부모님의 걱정을 끼치기도 했다.

아버지와 함께 우리 집에서 멀지 않은 관광지를 둘러보다가 우연히 나랑 비슷한 또래로 보이는 소년이 올라탄 물소를 보았다. 그 아이는 세상을 다 거머쥔 것처럼 당당하고 멋있어 보였다. 난 부러움에 손가락으로 그 아이가 탄 소를 가리키며 "아빠, 저거 한번 타보고 싶다." 라고 했더니, 아버지는 눈을 동그랗게 뜨시다가 금방 장난스러운 미소를 지으시면서, "그래? 한번 타볼래?"라며 기회를 주셨다.

그동안 경험으로 볼 때, 소는 인간과 소통이 잘 되는 가축으로 나에게도 순하고 의젓하며 친구 같은 동물이었다. 그래도 물소는 덩치가 더 크고 억센 뿔도 있으니 사납지 않을까 싶었지만, 물소 역시 유순한 초식동물일 뿐이었다. 아기 물소보다도 몸집이 작은 내게 이 어른 물소는 마치 진작부터 날 기다렸다는 표정으로 등을 내민 채 부드럽고 자애로운 눈으로 나를 응시하고 있었다. 자신감이 생긴 나는 아버지의 손을 잡고 물소의 등에 올랐고, 그의 넓은 등은 따뜻하고 편안했다.

그 후 그곳에서 '물소를 타는 소녀'라는 콘셉트의 고정 멤버가 되어 관광객들의 달러를 벌기도 했다. 어린이에게는 제법 큰 돈을 번 내게 아버지는 우리 딸 기특하다면서 자랑스러워하셨다. 그리고 막내딸은 씩씩해서 험한 세상을 잘 헤쳐 나갈 거라면서 대견해하셨다. 나를 태운 든든하고 따스한 물소 등의 감촉은 삶의 중요한 순간마다 견고한 버팀목이 되어주었다.

우리 가족은 베트남 호치민시의 북서쪽으로 차를 타고 1시간 거리에 있는 떠이닌이란 농촌 지역에서 살았다. 흔히 볼 수 있는 평범한 가정이었고, 아빠와 나는 송아지를 정성껏 길러서 어른 소가 되면 우시장에 내다 팔았고 수입이 제법 짭짤했다. 어머니와 언니는 과일을 도매로 떠 오거나 아빠가 틈나는 대로 잡아 온 물고기를 시장에 나가 팔았다. 부모님과 언니 그리고 나 이렇게 네 식구는 일을 가리거나 피하지 않고 분업과 협업하면서 가계를 꾸려나갔다.

관광객들은 베트남 여성들이 대부분 날씬하다며 감탄하는데 그들은 베트남 여성들이 폭식하지 않고 하루에 5, 6번 나누어 식사하므로 위장의 부담을 줄인 모양이라고 추측하였다. 식단 조절로 몸매 유지하는 사람도 있겠지만, 그보다는 이유 없이 게으르게 빈둥거리는 사람이 거의 없기 때문일 것이다.

또한 베트남 여성들은 수십 년 동안 길고 잦은 전쟁을 겪으면서 언제 자신이 가장(家長)이 될지도 모른다는 불안감과 각오를 품고 생존해야 했다. 비장한 자세로 미래에 대비해온 그들은 필연적으로 강인해질 수밖에 없다.

무슨 일이든 겁내지 않고 부딪치며 살아온 나도 이제 어느덧 숙녀가 되었다. 엄마는 말 만한 아가씨가 소 키운다고 돌아다니는 모양새가 마을 사람들 보기에 별로 바람직하지 않다면서 소를 다 팔아버렸다. 대신 내게 살림하는 여자들에게 필요한 미용이나 양재 기술을 배우라고 해서 몇 개월씩 배워봤지만, 아무래도 내 재능이 이쪽이 아닌지 별로 흥미가 없었다.

그러나 뭐라도 해서 가족의 생계에 보탬이 되어야겠기에 옷 수선, 공사장 식당에서 급식 보조 등 여러 가지 알바를 경험했다. 나중에는 친구 따라 과수원에서 망고나 슈거애플 농장에서 정지 전정이나 수확하는 일을 하게 되었고, 이 농장일을 비교적 오래 한 것 같다.

그러던 중 엄마는 내게 근사한 커피숍을 차려주었다. 드디어 '알바 탈출, 사장 등극'을 하게 된 것이다. 대부분 여성들의 로망인 찻집 주인이 되었기에 가게 운영에 시간 가는 줄 모르며 지내게 되었다.

손편지의 인연

      우리 가족은 합심하여 자급자족하며 밝고 단란하게 지냈다. 엄마는 동네 사람들을 만나면 예쁘게 자란 우리 딸이 똘똘하며 싹싹하다며 나를 자랑스러워했다. 그러자 어떤 지인이 막내딸을 한국에 시집 보내면 어떠냐고 제안했고, 아버지를 제외한 가족들은 크게 거부감을 보이지 않았다.

    중매로 나선 지인은 한국은 베트남의 롤모델 국가이고, 선진국 반열에 올라섰으며, 환율 가치도 10배 이상 높다고 하였다. 또한 한국에는 국제결혼을 한 혼인귀화 여성도 제법 늘어나고 있고, 베트남을 포함한 아시아권 유학생이나 근로자도 많기에 가서 살아도 외롭지 않을 거라며 안도감을 심어줬다.

    결정이 다수결 원칙은 아니라지만 엄마는 물론 외할머니까지 찬성하며 밀어붙이니 일은 일사천리로 진행되었다. 다만 아버지는 딸이 국제결혼을 하여 떠나게 되면 어린 게 고생할 거라며 걱정하셨다. 또 멀리 가면 자주 볼 수 없다고 많이 서운해하셨다.

    과거 한국의 중매결혼 풍경이 어땠었는지는 모르지만 내 경우도 일종의 중매라고 해야 할까? 지인에게 내 사진을 보내니 여러 남성이 만나고 싶다는 의사를 전해왔다. 그중 한 사람이 지금의 남편이다. 난 그 남자의 사진을 보고 금방 확신이 들지 않아 망설였는데, 나의 답변을 눈 빠지게 기다리던 그는 장문의 손편지를 보내왔다.

손안의 폰으로 세상을 보는 요즘 사람들은 거의 손글씨를 쓰지 않고 쓸 일도 거의 없다. 그런데 종이를 빼곡하게 채운 그의 글씨는 제법 정교하고 깔끔한 편이었다. 편지 내용은 다소 뻔한 느낌이 있었지만…. 아날로그 감성을 지닌 남성은 자상하고 섬세한 센스를 갖고 있지 않을까? 착각일지도 모르는 기대를 품었다. 그리고 이 정도 정성이라면 믿어도 되지 않겠나 싶어 그를 신랑 후보자 검열에서 통과시켰다.

결혼 후 남편은 내 사진을 보고 첫눈에 반했다며 자기가 배우자로 선택받지 못할까 봐 밤새 조바심으로 뒤척였다고 한다. 그러다가 밉지 않은 자기 글씨체로 도전해 보자는 결의를 굳혔다고 한다. 손글씨에는 적어도 그 사람이 성격이나 감정 상태 그리고 의지 같은 게 묻어난다. 그래서 키보드 자판으로 두드리는 글씨보다는 사람 냄새가 나고 설득력도 있다. 이런 손글씨로 순수함을 호소하고 낭만성을 추구하는 것처럼 보였던 남편은 내 눈에 특별하게 보였다. 난 겨우 스무 살이었고, 남자를 놓고 이것저것 따져보기엔 순진했다.

결혼 절차를 마치고 한국에 입국한 후 우리는 경기도 고양시 원당역 근처에 살게 되었다. 남편은 그동안 모아놓은 돈이 많지 않다며 반지하 빌라에서 신혼 생활을 시작하였다. 적잖은 한국인 부부들도 신혼은 조촐하고 소박하게 시작한다는 말을 들었기에 크게 실망하지는 않았다.

한국어학당에서 5개월간 한국어 교육을 받으며 토픽(한국어능력시험) 3급을 통과했다. 남편은 나의 한국 생활 적응을 위해 5천 년이라는 한국의 역사 이야기를 종종 들려주었다. 같이 드라마나 뉴스를 보면서도 외국인 입장에서 궁금한 부분을 짚어주니 한국의 문화, 사고방식, 풍토 등에 대해서도 어렴풋이 알게 되었다. 청혼할 당시 감성적인 손편지 무드와는 달리 평소 무뚝뚝한 남편은 내 환상을 전적으로 만족시키지는 못했지만, 자상할 거라는 기대에는 어느 정도 부응했다.

한국어와 한국문화 그리고 한국의 역사를 섭렵하느라 경황없이 지내는 동안 첫아이를 임신하게 되었다. 입덧이 심해지니 고향 음식이 먹고 싶었는데, 당시에는 베트남 음식이 지금처럼 흔하지 않았다. 더구나 중장비 기술자인 남편은 출장이 잦고 집에 오면 늘 피곤한 모습이었기에 그에게 뭘 사다달라고 부탁하는 게 미안했다. 남편에게 내색하지 않으려고 베트남 음식과 고향 집에 대한 그리움과 외로움을 삼키고 인내하며 버텨내야 했다.

그래도 한국에서의 신혼생활 중에 다행이었던 것은 근처에 살고 있던 동서가 자기가 '애 엄마로는 선배'라며 가끔 찾아와 친정엄마처럼 자상하게 챙겨준 일이다. 동서는 인정 많은 시댁 사람이기 전에 '여성이 어머니가 되는 과정'에서 숙명적으로 겪게 되는 고통을 역지사지로 공감해 주었다. 동서에 대한 고마움을 오래 간직하게 될 것 같다.

급기야 우리 부부의 어려운 사정을 전해 들으신 시부모님은 용단을 내리셨다. 어린 며느리가 반지하 집에서 고생하는 게 안쓰러우셨는지, 손주를 좀 더 편안한 환경에서 자라게 하려는지 알 수 없으나 충청남도 당진시에 사 둔 빈 아파트에 내려가 살라고 하셨다. 당진시는 시아버지의 고향이다.

이렇게 짧은 경기도 생활을 접고 우리는 충청도 땅을 밟게 되었다.

기지시로 진입하다

　　　　우리가 자리 잡은 곳은 송악읍 기지시리로 예로부터 교통의 요지라고 알려진 고장이다. 남편은 가까이에 있는 현대제철에 다니고, 나는 몇 년 후 둘째 딸을 낳았다. 집성촌이 존재하고, 도시보다 더 고맥락 사회 환경에서 나는 언행을 조심하며 점차 적응하게 되었다.

　자식들이 유아기 때까지는 남편 월급으로 알뜰하게 살 정도는 되었다. 그러나 아이들이 커가니 생활비를 능가하는 학원비 걱정을 하게 되었다. "요즘 부부들은 외벌이로는 가정경제를 유지하기 힘들다."라는 주변 사람들의 말을 인정할 수밖에 없었다.

　큰딸이 초등학교에 입학하고, 작은딸은 유치원에 들어가니 차츰 육아에서 벗어나 시간 여유가 좀 생겼다. 작정하고 당진시를 포괄하는 고용노동부 천안지부에 가서 돈을 벌 수 있는 길을 알려달라고 했다. 그쪽 담당자분은 미용기술, 요리, 간호조무사 등 여러 가지 직업을 소개하고, 직업훈련기관에서 무료 교육을 해주며 일자리로 연결될 수 있다고 친절하게 설명해 주었다.

　그렇지만 담당자가 제시하고 권장하는 기술은 유감스럽게도 내가 하고 싶은 일들은 아니었다. 남들이 돈 벌기 수월하고 전망 있는 일이라 해도 나의 적성에 안 맞으면 능력 발휘는커녕 행복감, 만족감을 느끼기 어렵다는 생각이 들었다.

때마침 아파트 놀이터에서 노는 아이들을 살피면서 나와 처지가 같은 베트남 여성을 만났다. 아이 엄마들은 비슷한 경험을 나누는 공감대를 형성하면 쉽게 친구가 될 수 있는 것 같다. 그녀와 대화를 트면서 '나도 이제 일하고 싶다, 돈을 벌고 싶다'며 하소연했더니 지인이 일하는 화훼농장에서 우선 알바로 일해 보는 게 어떠냐고 권유했다. 베트남에서 살 때 과수원에서 짧지 않은 기간 일해 본 경험도 있어 농사는 낯설지 않았다. 더구나 꽃을 좋아하니 그 일자리가 반갑고 솔깃했다.

드디어 그녀가 소개한 농장에서 바로 알바를 시작하였다. 조촐하지만 돈벌이가 생긴 것이다. 자랄 때부터 돈을 벌 수 있다면 남에게 피해를 주지 않는 한 무엇이든 할 수 있다는 각오와 강인한 생활력을 익혀왔던 터라 일거리가 나타나니 각오가 새로웠다.

다만 날씨가 적응하기 힘들었다. 베트남에서는 남부인 열대계절풍기후[1] 지역에서 살았다. 그쪽은 우기가 길고 건기가 짧으니 무덥다가도 비가 오면 열기가 식어서 나름 견딜만했다. 그런데 한국의 여름은 더 덥게 느껴졌다.

뉴스에서는 온대기후권에 속하는 한국은 분지형 지형이 많고, 최근에는 고층빌딩이 즐비하다 보니 뿜어내는 열이 상당하고 바람까

---

1) 열대계절풍기후: 열대기후 중 몬순의 영향으로 짧은 건계가 존재하는 기후대로, 열대몬순기후라고 한다. 특히 건기가 일 년 중 3~4개월 정도 유지되며 밀림이 없고, 벼농사, 커피, 차, 목화 등을 재배하기 적합한 기후이다.

지 차단하고 있다고 한다. 또한 순환하지 못하는 열기는 건물 사이에 열돔으로 갇혀있어서 체감하기에 더 덥다고 한다. 지구온난화의 영향으로 세계 여러 나라가 폭염에 신음하고 있지만, 도시화도 그 원인의 하나가 되는 모양이다.

더구나 하우스에는 환풍기나 측창이 있지만 밀폐된 공간이라 노지보다도 고온다습한 환경이었다. 내가 자란 베트남과는 다른 기후 조건에서 일하면서 자주 체력이 떨어졌다. 그러나 이것이 한국에서의 꿈의 시작인지라 얼굴과 목에 땀방울의 세례를 받고 눈이 따가워져도 비장한 자세로 일했다.

작업에 몰두하는 동안 절화 방법도 익숙해지고, 어깨너머로 분화도 배웠다.

주인이 된 꽃집 알바

　　화훼농장에서 일하다 보니 꽃 키우는 일에 관심이 생겨서 재배기술을 익히고자 농업기술센터에 찾아갔다. 담당 선생님이 꽃 종류만 따로 교육하는 프로그램이 거의 없으니 화훼연구회에 가입하면 그쪽의 고수들이 많아 도움을 받을 거라고 권유하였다. 얼떨결에 연구회에 가입하였고, 회원들은 친화력 있는 성격이라며 나를 반겼다. 또한 젊고 활기가 넘치니 회원들의 활동을 독려하는 일에 적합하다며 나를 총무로 추천하였다. 이렇게 4년간 총무로 봉사하고 지금은 회장으로 입지를 굳혔다.

　　그러나 화훼연구회 회장임에도 불구하고 기술적인 부분은 초보인지라 베테랑급인 선배 농부에게 노하우를 전수해 달라고 부탁을 드렸다. 그러나 그분들의 얘기가 제각기 다르고 화훼 쪽은 전국적으로 재배 농가가 그다지 많지 않아서인지 기술의 표준화가 덜 되었다고 판단하였다. 독학해 볼 요량으로 일과가 끝나고 인터넷이나 유튜브에서 기술을 익히는 데 도움이 되는 자료나 영상을 찾아보았다.

　　한편 농장에서 한국인 아주머니들과 같이 일할 기회가 생겼다. 그런데 그들은 내게 일이 서툴고 잘못한다는 둥 자주 트집을 잡았다. 내 나름대로 열심히 했으나 그분들 눈에는 미흡했나 싶었다. 자신을 자주 점검하며 빈틈없이 완벽하게 해내야지 하는 각오로 임했다.

그러나 그녀들은 실상 나를 다문화인이라는 이유로 노골적으로 무시하는 것이었다. 당시에 국가의 법적 여과 망을 뚫고 들어온 동남아 쪽 불법 입국자도 있었고, 이런 일이 다소간 말썽거리도 되던 때라 그들의 무차별적인 불신과 경시를 묵묵히 참는 수밖에 없었다.

한번은 그 사람들의 텃세 부리는 광경을 주인장이 목격하시고는 오히려 그 아주머니들을 탓하셨다. "당신들이 이수정 씨 만큼만 성실하게 해봐라." 하고 내게 역성을 들어주시는데 그동안 억눌렀던 설움이 장대비 같은 눈물로 터져 나왔다. 한국에도 외국인을 함부로 대하거나 차별하지 않고, 성실성이나 숙련도로 평가하는 사람이 있구나 싶어 보호자를 만난 기분이 들었다.

때마침 그 농장 주인이 꽃집도 운영하고 계신다는 얘기를 듣고 알바 시간을 늘려 꽃집에서도 일하게 되었다. 의욕은 충만해졌고, 탄력받은 김에 화훼장식기능사를 따서 전문가가 되고 싶었다. 궁금한 것은 주인에게도 질문하고, 틈나는 대로 여기저기에 묻고 찾아 공부하였다.

그런 와중에 꽃집 주인장이 병을 얻어 운영이 어렵다는 말씀을 하셨는데, 난 몇 년간 꾸준히 모은 돈을 따져보며 꽃집을 인수하고 싶어 남편과 상의했다. 남편은 꽃가게에 딸린 방이 하나 있으니 애들이 학교 수업 끝나고 그쪽으로 오면 꽃가게 일하면서 간식이나 숙제도 챙겨줄 수 있겠다며 나쁘지 않다는 반응이었다.

드디어 내 이름의 사업체가 생겼고, 꽃가게 주인이 된 것이다. 절화나 분화 그리고 화분, 상토는 그동안 일하면서 알게 된 농장에서 공급받았고, 손님들에게 '가격은 싸게, 꽃의 양은 듬뿍' 주려고 노력했다. 때로는 내 가게에 아이를 맡기고 시내에 일을 보러 가는 지인들도 있어 기꺼이 동네 사랑방 역할도 자처했다.

또 화초를 키우고 팔다 보면 색상과 향기가 매혹적이지만 상품성이 부족한 B급의 꽃들이 생긴다. 이것도 필요로 하는 곳에 저렴하게 팔 수 있다. 그러나 동네 아주머니, 아저씨들에게 나눠드리니 그분들의 표정이 환해졌고, 나의 진심과 정성을 기꺼이 포용하셨다.

이렇게 일하면서 만나는 사람들의 마음을 얻기 위해서도 부단히 노력했다. 그렇게 좋은 분들과 알게 되었고, 친분도 두터워졌다. 앞으로도 내 주변과 이웃 사람들을 챙기고 각별한 정성을 들일 것이다. 그들이 민족이나 인종에 대해 어떤 사고방식을 가졌든 상관없이.

특유의 친화력을 바탕으로 그럭저럭 운영하던 나의 꽃가게는 모든 재료를 사다가 파니 이문(利文)이 적었다. 더구나 2020년 팬데믹 시기를 맞이하면서 꽃을 찾는 손님들이 부쩍 줄었다. 미세먼지, 초미세먼지 이슈가 한참일 때는 실내에 공기정화식물을 비롯한 반려식물을 유행처럼 키웠다. 그런데 코로나 사태가 2, 3년째 지속하니 거리 두기 수칙으로 차단된 인간들 대신 강아지, 고양이 등의 반려동물을 키우며 정을 나누는 사람들이 늘어났기 때문이다.

차츰 애들 교육을 뒷받침하고 노후도 대비하면서 경제적으로 안정되려면 좀 더 벌어야 한다고 생각하게 되었다.

이맘때쯤일까. 남편은 나이가 들어가니 점점 일하기가 고단하다고 하소연했다. 그런 남편을 부추겨 화훼농장을 지어 든든하게 노후 준비하자고 하니까 "그럴까?" 하면서 솔깃했다. 자기도 은퇴 후 귀농을 생각하는 모양이었다. 드디어 의기투합한 우리 부부는 하우스를 지을 땅을 물색한 끝에 농사짓기 적당한 땅 600평을 구입하고 농업기술센터로부터 일부 보조를 받아 단동 하우스 3동을 지었다.

하우스를 짓고 나자 남편은 의욕적으로 작업을 거들어주었다. 그러나 그는 애당초 농사에 익숙하지 않은 사람이었다. 점차 여기저기 아프고 쑤신다며 농장일을 버거워했다. 잔뜩 고민하는가 싶더니 본업이었던 중장비 기술 일을 다시 시작했다. 이런 형편이 되니 나는 집안 살림을 하며, 초등학교와 중학생인 아이들을 보살피고, 꽃가게와 하우스 농장을 분주하게 오가며 운영하게 되었다. 결국 1인 4역을 수행할 수밖에 없었다.

당차고 야무지다는 소리를 듣는 나도 가끔 번아웃 상태가 되어 '지금 이렇게 사는 게 맞는 건가?' 하는 회의를 갖기도 한다. 그러나 자구 부정적으로 생각하고 도피할 궁리를 한다면 더 나이 들면 체력까지 떨어지니 아예 주저앉을지도 모른다. 슈퍼우먼까지는 아니더라도 30대 청년의 패기를 밑천 삼아 현재 짊어지고 있는 삶의 무게를 견뎌내겠다는 의지를 다져본다.

어릴 때, 나를 반기고 자기 등에 태워준 물소의 강인한 에너지가 내게 오롯이 전달되길 소망하며 바쁜 일상을 엮어가고 있다.

그리움도 삶의 에너지가 되다

꽃집을 인수하면서 경황이 없을 때, 베트남의 언니로
부터 친정아버지께서 위독하다는 연락을 받았다. 평소 술을 즐기
시던 아버지가 최근 간경화로 고생하고 계신다는 얘기를 전해 들은
터였다. 나는 패닉 상태에서 어찌할지를 몰라 안절부절못하던 차에
바로 아버지의 부고를 들었다. 그럼에도 때마침 꽃집을 인수하던 중
이었고, 한국에서의 여러 상황이 여의치 못해 아버지 떠나시는 길
에 배웅하지 못하였다.

아, 의료시설이나 건강보험의 체계가 한국만 같았다면 더 사셨을
지도 모르는데…. 안타까움과 죄스러움으로 몹시 괴로웠다. 가까운
사람과의 이별은 누구에게나 큰 슬픔이고, 평생 사라지지 않을 아
쉬움을 남긴다. 그리고 특별히 고인과 가깝게 지냈거나 소통이 각
별했던 사람에게는 못다 한 정성으로 후회가 새록새록 생겨나서 그
리움이 더 커지는지도 모른다.

아버지는 딸바보 아빠였다. 유교적인 덕목을 중시하신 아버지는
과묵하고 인자하시며, 평소 사람의 도리나 예의범절을 잘 가르쳐주
셨다. 특히 막내딸인 내게 사랑이 각별했다. 개구쟁이 기질을 가진

내가 어쩌다 엄마에게 혼나는 날이면, 아버지는 아직 애들인데 그만 좀 하라고 극구 말리셨다. 대신 나의 장점에는 엄지 척을 보이며 웅크리고 위축되었던 마음을 풀어주셨다.

이랬던 아빠가 혹시 한국의 막내딸에 대한 그리움이 병이 되어 일찍 돌아가신 게 아닐까 하는 난데없는 자책감마저 들었다. 딸이 한국으로 시집가지 않고 베트남에서 찻집 운영하며 계속 부모 곁에 있었더라면 아빠는 그리 허망하게 무너지지는 않았을 텐데…. 편찮으실 때 괴롭고 외로운 아빠 옆에 있었더라면 좀 더 사셨을지도 모르는데…. 꼭 내 탓은 아니더라도 여러 가지 회한이 고통스럽게 다가왔다. 멀리 한국땅에 와서 살면서도 베트남의 아버지는 늘 잘 계시겠지 싶었고, 언제든 다정한 말씀으로 응대하실 줄 알았는데….

1년이 지나 아버지 기일이 되면서 드디어 남편과 함께 베트남 집에 가서 마을 종교단체(사찰)의 사제가 진행하는 대제와 천도제에 참석했다. 의식을 진행하는 동안 아빠와의 추억이 선명하게 떠오르고, 투병하면서 고통스러워하시는 모습이 그려지면서 아빠의 병이 깊어갈 때 곁을 지켜드리지 못했다는 죄스러움이 커졌다.

'아빠, 이제 육신의 아픔도, 가족 걱정도 내려놓으세요. 막내딸을 하늘에서 내려다보고 계시죠? 한국에서 잘 견디고 꿋꿋하게 살아갈게요. 항상 아빠가 응원해 주시는 거 느끼고 있어요.'라며 내키지 않는 이별을 했다.

지금도 비가 오거나 감성 가득한 나의 최애 가수 마크툽(*발라드 풍의 노래를 부르는 고음, 미성의 한국 가수)의 노래를 들을 때면 마음 깊이 웅크리고 있던 아빠에 대한 그리움이 밀려와 가슴에 둔한 통증을 엄습하며, 천둥이 폭풍우를 몰고 오듯 굵은 눈물을 쏟는다.

일상이 지치고 힘들 때, 가족들이 집에 없어 혼자 아플 때는 아빠에게 기도한다. 용기와 활력을 불어넣어 달라고, 어려움을 극복하고 해결할 수 있도록 지혜를 달라고, 그리고 얼른 아픈 몸이 낫게 해달라고 나도 모르게 주문을 외듯 독백하고 있다. 이제 영혼이 된 아빠는 먼발치서 딸의 행복을 빌고 기도해 주실 거라는 믿음이 있기 때문이다. 살아계실 때 가까웠던 사람은 세상을 떠난 후에도 간절한 기도로 대화가 이어지나 보다.

아빠가 가신 지 벌써 7년이란 시간이 흘렀다. 시간이 약이라는 말처럼 슬픔은 조금 옅어졌는지 모른다. 그러나 지금도 선명하게 다가오는 아빠에 대한 그리움이 이제는 삶을 지탱하고 나아갈 힘을 생성해 주는 에너지원이 되고 있다.

일이 뜻대로 안 되거나 고난의 무게로 탄식이 터져 나올 때, 누군가에게 마음을 다쳤을 때도 아빠는 '우리 탄윗(베트남 이름)은 어릴 때 물소도 타던 아이잖니? 잘 견디다 보면 소녀 시절 탄윗처럼 다시 당당하고 여유만만하게 미소 지을 날이 올 거야.'라고 속삭이신다.

물소의 등짝 같은 아버지의 메시지는 고달픈 일상 속에 좌절하거나 실의에 빠지기도 했던 나를 다시 일으켜 세운다.

한국문화에 녹아든 16년 세월

    끊임없는 격랑과 부침 속에 부대껴 온 베트남은 그 역사가 동양사는 물론 소설 속에 알려진 내용도 있다. 베트남은 고대 한족 중 일파인 월족이 남하한 나라이며, '오월동주(吳越同舟)'라는 고사 속의 월나라이다. 그리고 삼국지의 촉나라 재상 제갈량이 활약하여 진출한 곳, 즉 안남이라고도 전해진다.

  베트남은 남아시아에 위치하면서 기후나 식생으로는 인접한 나라의 영향도 받고 살아왔다. 그러나 문화적으로는 중국, 한국, 일본 즉 동아시아에 가까운 한자와 유교 문화권에 속한 나라이다.

  특히 베트남은 수십 년 동안 프랑스 식민 지배와 오랜 인도차이나 전쟁, 월남전을 겪은 나라이다. 일본의 식민 지배, 한국전쟁을 겪은 한국과도 비슷한 역사를 가졌기에 아픔이란 관점에서 두 나라는 공통점이 있다.

  이러한 공감대가 형성된 덕분인지 한국인들의 베트남 여행은 엄청나게 폭발하고, 있고 최근에는 글로벌 기업 삼성을 비롯하여 대기업 공장들이 들어서 베트남 경제에 활력을 불어넣고 있다. 이렇듯 한국과 베트남은 물리적, 공간적으로만 따지듯 먼 나라가 아닌 친근한 이웃 나라인 것이다.

내게도 한국으로 시집와서 살아온 세월이 꽉 찬 16년이 된다. 그동안 나는 얼마나 한국 생활에 적응하며 한국식으로 변해 있을까?

한국인은 응용력이 좋다고 한다. 그래서 한국의 건축은 세계의 멋지고 좋은 곳을 조각 모음한 기발한 모습을 갖고 있다고 한다. 독창적인 아이디어가 응집된 고객 중심의 편의시설도 세계 으뜸이다.

특별히 와닿는 것은 음식을 원조 나라보다 더 맛있게 만드는 한국인의 솜씨이다. 가령 자장면이나 짬뽕 등의 중국 음식은 중국보다 한국에서 사 먹는 게 더 감칠맛이 나고 칼칼하다는 관광객들이 많다. 라면, 어묵, 스시 등의 일본 음식도 한국식이 담백하고 맛깔스럽다는 게 외국인도 인정하고 감탄하는 바이다. 한국인은 창의력으로 부가가치를 창출하는 데 귀재인 것 같다.

난 한국인의 응용력과 창의력까지는 아니더라도 야무지고 당찬 적응력을 가졌다고 자부한다. 또한 매사에 근면 성실한 태도로 한국인들에게 친절하고 배려심 있게 대하려고 노력한다. 간혹 동남아쪽 외국인이라고 편협한 시선으로 대하는 사람들을 만나기도 하지만, 이제는 예민하게 반응하지 않는다. 대한민국도 머지않아 다문화 국가가 될 것이기에.

이미 새천년을 시작으로 열린 인터넷 환경을 필두로 하나의 지구촌이 되었고, 세계인들은 진작부터 많은 것을 개방하고 있다. 화폐와 경제 공동체인 유럽은 월드 패스로 옆 나라를 이웃집 다니듯 갈 수 있다. 그런 변화에 부응하듯 적잖은 나라에서 결혼이나 직업 또는 은퇴로 인한 이민자를 받아들이고 있다.

최근 한국의 상황을 짚은 인터넷 뉴스에서는 "한국의 출생률은 OECD 국가 중 최하위라고 할 정도여서 향후 몇십 년 내에 국가 소멸을 운운할 정도로 심각하다. 이러한 현실에서 그나마 출생률을 높여주는 데 효자 역할의 한 축을 이루는 것은 국제결혼을 한 젊은 이들이다.[2]"라는 언론 보도를 접한 적이 있다. 한국 젊은이들의 결혼관도 많이 달라지고 있다는 방증이다.

　　이런 변화 속에 아쉬운 점은 일부 한국인의 사고방식은 다변화하는 글로벌 환경 속에서도 단일민족을 표방하며, 과거의 유교 사회에 머물러 있다는 점이다. 그들은 아직도 이민족에 대한 배타성, 국제결혼에 대한 거부감 등을 표출한다.

　　그러나 직시할 문제가 있다. 불과 몇십 년 전 한국인은 질곡의 역사를 아픔으로 간직하고 있다는 얘기를 들은 적이 있다. 구체적으로, 구한말 조선인은 일본에 나라를 빼앗기고 생업을 위해 또는 독립운동을 하려고 만주, 극동, 하와이 지역을 떠돌면서 받았던 설움의 역사를 갖고 있다고 한다.

　　또한 한국전쟁 후 국가 재건과 경제 발전의 일환으로 서독에 파견되었던 광부와 간호사분들의 입장은 어떠한가. 그 시절 그분들에게 모멸감을 안겨주었을 법한 후진국 사람들에 대한 동정과 처우를 지금 한국에서 베트남인을 포함한 동남아시아 이민자나 근로자들이 받고 있는지도 모른다.

　　아직도 이민족에 대해 폐쇄적인 태도를 견지하는 한국인은 어둡

---

2)　2024. 3. 19. 한국경제TV, '엔데믹에 혼인 늘었지만… 10건 중 1건 국제결혼' 외 다수 매체

고 서러운 과거사를 잘라내고, 밝고 자랑스러운 부분만 편집하듯 질곡의 역사를 외면하고 있는 것은 아닐까? 이것은 어찌 보면 자기 부정일지도 모른다.

나도 이민족이기에 입국 초창기부터 마주쳐야 했던 멸시나 홀대로 마음에 생채기가 생길 때마다 울화를 삭혀야만 했다. 그러나 살아가면서 외부 자극에 버티는 힘이 생겼고, 한국에 대한 이해의 폭이 넓어졌다. 사람들의 반응에 점차 무뎌졌으며, 어느새 한국인의 세계관과 문화 속으로 스며들고 있었다.

한국말도 제법 늘었고, 한국인의 기질과 성향도 어느 정도 파악하게 되었다. 명확하고 솔직한 의사 표시를 좋아하는 나는 초창기엔 한국인들, 특히 내가 사는 충청도 어르신들의 표현 방식을 잘 이해하지 못했다. 특히 애매한 단어로 말하거나 은근하게 돌려 표현하는 게 그분들의 점잖은 어법인 것을 뒤늦게 알게 되었다. 더러는 '참 이쁘다.'를 '미워죽겠다.'로 속마음을 반대로 표출하는 경우도 있었다. 그래서 한국어 문법에는 은유법, 반어법이라는 게 있는 모양이다.

그리고 놀라운 것은 내가 한국에 들어온 직후인 2010년대부터 세계적인 선풍을 일으키기 시작한 가수 싸이의 「오빠는 강남스타일」을 필두로 K-pop이 뜨기 시작했다. 이 열기를 타고 한국의 뷰티, 음악, 영화, 문학, 축구를 망라하는 K-culture의 붐은 여전히 지구촌을 맹렬하게 강타하며 진행 중이다. 나도 한국 가수의 음악이 흥이 나고 정서적으로 잘 맞으며, 한국의 아이돌 스타에게도 열광한다. 또한 넷플릭스에서 휴먼 드라마, 법정 드라마, 코믹 영화 등 한국 영화를 보더라도 이젠 시간의 힘이 작동하는 걸까? 한국인 고유의 은근하고 섬세한 감정이나 표현 방식을 모국인처럼 자연스럽게 흡수하게 된다.

이렇게 한국의 소프트 파워가 일으키는 물결은 세계인들이 한국인에 대한 친밀감과 공감대를 갖게 하는 데 훌륭한 매개체로 작용한다고 본다. 나도 한국의 훌륭한 문화콘텐츠를 통하여 사고방식이나 문화적 차이를 느낄 사이도 없이 한국 생활에 녹아들고 있다. 그리고 긴 시간, 많은 것을 접촉하고, 부딪치면서 어느새 한국에 대한 애착도 두터워졌다는 것을 느낀다.

향기로 높아지는 회복탄력성

　　　　힐링 타임은 내게 소진된 에너지와 균형을 잃은 평정심을 회복시켜 준다. 비 오는 날은 대부분 농사꾼에게 휴일이다. 화훼농장의 작업 공간에서 베트남 지인들과 좋아하는 반새우(*베트남식 부침개)를 만들어 먹으며 감성 음악을 듣는다. 커피를 음미하며 밀린 수다를 배출하는 일도 카타르시스를 통하여 지친 심신을 다독이는 즐거운 일상 중의 하나이다. 우울한 날에는 코인노래연습장에서 베트남 노래와 한국 곡을 섞어 부르며 한껏 흥을 돋워 내일을 위한 에너지 레벨을 높인다.

　간절히 고향 음식을 먹고 싶었던 입덧 시기엔 드물었던 베트남 음식점이 지금은 어지간한 규모의 식당가에 최소한 한두 군데씩 성업하고 있으며, 점차 다양한 메뉴별 요릿집으로 진화하고 있다. 모처럼 반가운 베트남 식당 간판을 보면서 외국의 음식 문화의 인기가 곧 그 나라 출신의 사람들에 대한 포용력으로도 작용하지 않을까 조심스레 예측해 본다.

　다문화인이 할 수 있는 여러 가지 직업 중 유독 꽃을 팔고 재배하는 일을 선택한 데에는 그것이 내겐 치유의 힘이 크기 때문이다.

소수인이기에 감수하게 되는 소외감, 고립감은 그나마 견딜만하다. 내 모국이 아직 선진국이 아니기에 받는 인간적인 모멸감과 밟히고 긁히는 자존심에도 회복력을 높이며 나름 맷집을 키워왔다.

그러나 아이가 학교에서 일부 몰지각한 선생님이나 학부모 그리고 또래 친구들로부터 차별 대우를 받거나 왕따를 당하기도 한다. 심하게는 호의를 베풀다가 도리어 미개인 취급을 받고 올 때는 아프고 비참한 심정을 주체하기 힘들다.

더구나 학령기의 언어폭력은 미성년자인 딸들에게 감당하기에 버거울 것이고, 크게 내상을 입으면 나중에 트라우마로 작용할 수 있다. 그런데 집단이나 다수의 부당한 행동으로부터 단지 소수인일 뿐인 부모는 견고한 울타리가 되지 못하는 게 나의 아픈 현실이다.

한번은 학교에 갔던 아이가 울었는지 눈이 부어있고 잔뜩 풀 죽어 집에 돌아왔다. 가끔 발생하는 일이기에 상황을 짐작하고도 남았다. 어미로서 죄스럽고 참담하였다. 아이의 등을 감싸 안아주며 "시간이 지나면 다 좋아질 거야."라며 빵과 초콜릿을 사 주었다.

그리고 난 꽃 무더기에 얼굴을 묻고 하염없이 작업에 몰두한다. 응어리진 슬픔을 용해하는 꽃향기가 내 감정을 쓰다듬고 소담한 꽃송이가 내 눈물을 씻겨준다. 이렇게 내 감정을 숨겨주고 보듬어 주는 꽃들이 아니었다면 때때로 가슴 아프게 하는 한국 생활을 견디기 힘들었을 것이고, 지금의 씩씩하고 당당한 내 모습은 기대하기 어려울 것이다.

그나마 다행이라 생각되는 것은 내가 한국에 들어온 십여 년 전 보다 지금은 국제결혼이 부쩍 늘어나고 있다. 그 대상국이 아시아 권 국가뿐만 아니라 유럽, 미주 등 다양해지고 있어 한국에서 국제 결혼은 이제 특별한 풍경이 아니다. 의미 있는 변화 속에 외국인에 대한 배타적인 자세가 점차 사라지길 간절히 소망한다.

아이들이 성인이 되고, 결혼할 때는 한국사회는 어떻게 변해 있 을까? 외국인에 대한 마음과 인종의식은 더 유연해져 있을 것이고, 나 같은 다문화인의 입지도 훨씬 나아지지 않을까? 미국식 표현으 로 베트남계 한국인(Vietnamese Korean)으로 살아갈 내 자식들이 한국에 거주하는 여러 인종의 사람들과 해맑게 어울리는 미래의 모습을 그려본다.

삶은 줄다리기의 연속

갓 스무 살이 된 나이에 혼인으로 한국에 들어와 치열하게 살아왔기에 삼십 대 중반에 집을 장만하고, 꽃가게와 농장을 보유하는 등 남 보기엔 좀 이룬 것 같지만 아직도 갈 길이 멀다.

꽃은 특히 경기를 많이 타는 농작물이라 불황인 요즘 꽃과 관엽식물의 매출이 뚝 떨어지고 대부분 꽃가게는 한산하다. 더구나 화초류 재배에는 난방비가 적잖이 들고 인건비는 갈수록 오르는데, 매출은 자꾸 내려가니 수지타산을 생각하면 두려움과 절망에 휩싸이게 된다.

최근에는 지구온난화로 폭우가 잦으니 미래를 위한 보험이자 안전장치라고 여겼던 하우스 농장도 2년째 침수되어 2동에 심은 꽃을 대부분 수확하지 못하고 묘목을 버려야 했다. 농작물 재해보험에 가입했으나 보상 내용에는 엉뚱하게도 멀쩡한 하우스 시설이 해당하여 전혀 도움을 받지 못했다. 이렇듯 농작물을 재배하는 것도 사회적인 트렌드와 소비 경향을 예측하며 수급 조절을 하고, 기후 변화에도 철저히 대비해야 한다는 게 무거운 숙제이다.

내가 십여 년간 접한 농업은 어쩌면 파란만장한 인생과도 같다.

순간순간 위기가 나타나고, 도처(到處)에 복병과 암초가 도사리고 있으니 잠시도 안심할 수 없다. 농업인도 기후가 도와주기 바라고, 나라 정책에만 의존하여 생존하기 어렵다. 능란한 사업가처럼 변수에 기민하게 대응해야 된다.

특히 나 같은 외국인 이민자들은 한국인들의 배타적인 시선과 불편한 처우에도 맞서야 한다. 성품이 너그럽고 따뜻한 분들에게는 가족, 친족처럼 마음을 나누지만, 편파적이고 냉정한 사람에게는 그들이 나를 포용할 충분한 시간과 기회를 주며 가능하다면 함께 가려고 한다.

내가 터전을 이루고 사는 고장, 충청남도 당진시 기지시리는 줄다리기의 본고장이다. 윤년 음력 3월 초에 행해지는 기지시 줄다리기는 풍년을 염원하는 농경 의식의 하나다. 1982년 국가무형유산으로 지정되었고, 2015년에는 베트남 필리핀, 캄보디아 줄다리기 종목 등과 더불어 인류무형문화유산으로 등재되었다.

이곳 기지시리로 이사 오면서 문화유산 쪽에 관심이 많았던 나는 유서 깊은 기지시 줄다리기 보존회의 회원으로 가입하였다. 그동안 여러 봉사활동에 참여하였고, 2015년에는 베트남 북부 지역 대회에 한국어–베트남어 통역으로 나가 문화전승자 역할도 수행하였다.

줄다리기에는 요령이 있다. 힘의 완급을 조절하고, 힘을 줄 때와 뺄 때를 판단하며, 상대편의 상황을 보고 방어할지, 공격할지를 결정한다. 또한 리더의 의도를 신속히 파악하여 참여한 동료들에게 재빨리 전달하며 합심하고 협동한다. 이 줄다리기 과정은 참여자들과 끈끈한 연대감과 열정을 나눌 수 있고, 혼신의 노력을 쏟아낸 뒤에 오는 희열도 함께 맛볼 수 있다.

　어떤 룰에 맞춰 성실하게 그리고 열심히 사는 것만으로는 그때그때 봉착하는 문제를 순조롭게 해결하기 어려운 게 예측불허한 우리네 인생이다. 달릴 때, 멈출 때 그리고 누군가의 도움을 받거나 때로는 반대편으로 돌아갈 때도 있는 것이다. 이는 줄다리기와 비슷한 원리라고 생각한다.
　나의 삶 역시 끊임없이 상황 판단을 하면서, 일의 완급을 조절하고, 내 쪽 형편이나 상대방의 여건을 판단하며 공격 또는 추진이나 방어를 결정하는 줄다리기의 연속이 아닐까? 대결할 상대는 나 자신과의 갈등일 수도 있고, 불가피한 경쟁자이거나 주시하고 돌파해야 할 기후위기, 세계 속 국가의 입지 변화 또는 사회나 소비 트렌드 등 외부 환경이 될 수 있다.
　외국인 이민자이고, 농업인이자 소규모 사업자인 나는 전방위적으로 위기대처능력이 요구되는 시점에 와있고, 이것은 힘의 완급 조절, 공격과 방어의 순간 파악, 누군가와의 협업 등이 필요한 줄다리기의 철학에 접목해 볼 수 있을 것 같다.

다문화인의 꿈

　　　　　나는 한국에 들어와 한국 고유의 문화, 가치관, 표현 방식의 차이를 극복하며 여러 사람에게 부대끼면서 생존해 왔다. 그러나 모든 부모의 마음이 그러하듯 나도 자식들은 좋은 여건에서 공부시키고 불편하지 않은 환경에서 살아가게 하고 싶다.

　그러기 위해서는 돈을 충분히 벌어야 한다. 지인들의 이야기를 들어보면, 선진국 대열에 속해있는 한국에서도 부자 부모를 두었거나 물려받은 재산이 든든하지 않다면 대학을 졸업하고, 직업을 갖고, 자기 삶을 헤쳐 나가기가 녹록지 않다고 하니 단단한 대비가 필요하다.

　그리고 앞으로 여유가 생긴다면 나의 꿈도 돌보고 싶다. 집안의 중요한 일을 담당했던 오빠의 요절(夭折)로 그 자리를 대체하느라 학교를 중도 하차해야 했기에 공부나 학교 친구들과 어울리는 것을 좋아했던 나는 아쉬움을 간직한 채로 성인이 되었다.

　결혼 후 한국어학당에서 토픽을 금방 취득하는 것을 본 선생님은 내게 한국 생활이 어느 정도 안정되면 검정고시를 봐서 상급 학교에 들어가고 대학에 가서도 공부하면 좋겠다는 덕담을 해주셨다는 말을 들었다. 어릴 적 못 이룬 꿈을 소환하게 되면서 눈시울이 뜨거워졌다.

그 후 아이 둘 낳아 키우며 정신없이 돈을 벌고 바쁘게 살아가는 동안 그때의 일은 까맣게 잊고 지냈다. 그런데 초등학교, 중학교에 다니는 딸들이 장차 무엇을 하고 살도록 뒷받침할 것인가 골똘히 생각하게 되었다. 공무원, 개인사업자, 의사, IT 분야 기술자 등 아이가 도전해 볼 수 있는 다양한 직업군을 나열해 보면서 불현듯 오래전 접었던 공부에 대한 미련이 되살아났다.

앞으로 나에게도 공부할 기회가 생기지 않을까? 그렇다면 어떤 분야를 선택하고 또 그것을 어떻게 활용할 것인가? 문득 역사나 문화유산 등 평소 흥미를 갖고 있던 분야를 떠올린다. 어렴풋이 알고 있는 국내외 역사를 심도 있게 파고들어 누군가와 열띤 토론을 하고, 여러 곳으로 답사도 해보고 싶다.

꿈은 사람을 달뜨게 하는 걸까? 즐거운 미래를 상상하며 살짝 희망을 품는다. 현재는 아직 여력이 없으나 언젠가는 길이 열리리라 믿으며.

그리고 한국에 정착한 다문화인의 한 사람으로서 늘 품고 있는 바람이 있다. 아직은 부족하고 빈약한 다문화센터와 관련 기관의 역할이 확대되고, 활동도 강화되기를 고대한다. 그리고 다문화인에게 좀 더 다양한 교육을 지원하고, 외국인 근로자들의 근무 여건이나 처우 개선을 위해 국가에서 제도적인 장치를 마련한다면 앞으로도 쭉 살아갈 한국에 애정이 무럭무럭 자라날 것 같다.

또 내게 기회가 다가오고 능력이 닿는다면 새로 진입하는 다문화인들을 위해 꿈꾸는 자의 열정을 전파하고 싶다. 결혼하거나 일자리를 얻으려고 합법적으로 한국에 들어오는 외국인들이 꿋꿋이, 안정적으로 살아가도록 조금 먼저 들어온 내가 그들의 멘토가 되고 싶다. ♣

예비 귀농자의 궁금증 해소를 위한 Q & A

Q. 청년 농업인인데 지자체로부터 지원금이나 융자가 많았나요?

A. 제가 거주하고 있는 당진시는 수도권으로부터 가까워서 그런지 귀농지원금이나 종류가 많은 편은 아니었습니다. 하우스 지을 때 보조 40%, 자부담 60%의 지원 사업을 두 번에 걸쳐 받았습니다.

Q. 무연고 지역의 사람들과의 소통에 어떤 어려움을 겪으셨나요?

A. 친절한 분도 많았지만 타 지역, 특히 외국인에 대한 경계심이 많으셔서 그분들에게 솔선수범하는 모습을 보이려고 노력했습니다.

Q. 꽃집과 화훼 하우스 농장을 동시에 운영하는 어려움은?

A. 낮에는 가게를 비울 수 없으므로 급한 작업은 가게를 닫고 농장에 가서 일하거나 주말과 휴일을 이용하여 하우스를 살핍니다. 아이들이 아직 어리므로 꽃집으로 오면 간식을 챙겨주면서 보살핍니다.

Q. 향후의 꿈이나 계획은?

A. 저 같은 혼인이나 근로자로 온 외국인들이 지금보다 좋은 환경에서 일하고 안정적으로 정착할 수 있도록 그들의 고충, 소외감 등을 챙기는 농장주가 되고 싶습니다. 그들의 근로 여건이 녹록지 않고, 스스로 대응하는 힘도 약하기 때문입니다.

코리안 드림이 허망한 꿈이 아니도록 이주민 선배로서 길잡이가 되고 싶습니다.

나가는 말

✎ 십 년 전만 해도 베이비붐 세대가 2막 인생으로 고려하던 귀농, 귀촌이 지금은 여러 계층에게 새로운 삶의 선택지가 되고 있다.

잠이 덜 깬 채 지하철에 피곤한 몸을 구겨 넣고 과도한 성과와 경쟁 속으로 달리고 부대껴야 하는 적잖은 도시민의 삶. 이렇게 치열하게 생업에 종사하느라 얻은 피로와 스트레스 그리고 상처를 챙기고 보듬어야 한다는 힐링 붐의 영향일까? 번듯한 직장, 다양한 문화생활과 각종 편리성, 수많은 사람이 뿜어내는 활력을 누리기 위해 도시에 머문다는 것도 과포화 상태가 되면 더 이상 로망일 수 없다. 오히려 회의(懷疑)가 늘어갈 뿐이다.

반면 높은 집값이나 물가에 위축되고 인심의 각박함에 울분이 쌓인 현대인에게 상대적으로 싼 주거비용에 공기 좋고, 물 맑으며 풍광이 수려한 농촌은 충분히 매력 있는 곳이다. 또한 전원이란 어른들에게는 회복탄력성과 관조의 힘을, 아이들에게는 동심의 순수함과 상상력을 키워주는 원천이다. 농촌은 이러한 무궁무진한 자양분으로 인간에게 정서적인 여유와 감성의 풍요로움을 선사하는 멋진 무대이다.

그러나 유명 TV 프로그램을 보고 귀농을 결심했다고 하는 것처럼 즉흥적으로 또는 막연한 환상이나 무지개 꿈을 갖고 귀농에 임하면 십중팔구 실패하기 쉽다. 이것을 이미 여러 매체에서도 언급한 바 있다. 또한 농촌에 가면 무조건 망하는 것처럼 극단적으로 말하는 인터넷 자료나 유튜브의 이야기도 현실을 빗나간 측면이 있다.

그러기에 쓸모 있는 자료를 찾아보고, 정착하기까지 얼마나 잘 버티고 안정권에 진입할 수 있을지에 대한 자가 진단과 체계적인 궁리가 필요하다.

지금까지 9가지 귀농 이야기를 발굴하고 수차례 인터뷰하여 책에 담기까지 1년 반 남짓 시간이 걸렸다. 이야기를 통해 누군가의 솔직 담백한 삶의 단면을 조심스레 엿보고, 짐작하고, 글로 엮어내는 과정은 지난하였다. 때로는 그 사람 인생에 빙의하는 심정이 되기도 했다.

이야기 주인공들은 연령이 30대에서 60대까지 분포하며, 직업과 인생 경험도 다양하다. 컴퓨터 프로그래머, 강남 가정주부, 직업군인, 유통업자, 국제변호사, 컴퓨터 대리점 대표, 대학교 행정직원, 개성공단 사업자, 혼인귀화 여성은 이들의 전력이다. 이렇게 여러 세대에 걸쳐 다양한 직업군의 사람들이 각양각색의 이유로 농촌에 오고, 농업에 종사하면서 보람과 행복을 엮어가고 있는 걸 그들은 진솔한 목소리로 전달하고 있었다.

대상자를 발굴할 때 성공보다는 정착이란 측면에서 귀농 후 5년 이상의 귀농 정착자를 선정했는데, 이들의 실제 귀농경력은 짧게는 8년, 길게는 20년이 훌쩍 지나고 있다. 귀농 당시 연령으로는

20~30대가 4명이고, 40~50대가 5명이다.

다만 아쉽게도 적정한 이야기 발굴이 쉽지 않아 활동반경에서 멀지 않은 중부(충남)권에서 사례를 찾게 되었다. 이들이 귀농, 귀촌한 지역에 대한 소개도 내용에 포함되었다.

기술적인 부분은 가급적 농업에 문외한들도 쉽게 이해할 수 있도록 서술하였으나 개인의 기반 지식이나 경험에 따라 습득 난이도가 다를 수 있다.

이야기 끝부분에 「예비 귀농자의 궁금증 해소를 위한 Q&A」를 넣어두었으나 더 궁금하거나 세부적인 사항이 필요한 경우는 해당 농장을 찾아보면 좋을 것 같다.

2025년 「농지법」 개정 내용은 귀농·귀촌은 물론 향농·향촌을 고려하는 사람에게 기회의 폭을 넓혀 주는 자료가 될 거라 사료되고, 농림수산식품부 홈페이지나 인터넷 또는 유튜브에서 요약된 자료를 볼 수 있을 것이다. 귀농 관련 지원 사업은 지자체마다 다르므로 따로 정보를 넣지 않았다.

농촌에 입성해서 안정적인 소득 창출은 물론 평화로운 삶 속에서 생산적인 에너지를 충전하고자 하는 이들이 이 책을 통하여 차근차근 로드맵을 만들고, 순조롭게 성공할 수 있기를 응원한다. ♧

『농사짓는 국제변호사』

♣ 자연을 향한 따뜻한 시선

정무남

전 농촌진흥청장, 전 대전보건대학교 총장

✎ 도회지에서 오래 살아온 나는 몇 년 전 지리산 자락에 주변 풍광과 어울리는 집을 지어놓고 충전이 필요할 때마다 내려간다. 푸근한 남도의 기운에 기대어 내 한 몸을 맡기노라면 도시의 분주함, 혼잡스러움, 지나친 사람과의 접촉으로 인한 피로감으로 짓눌려 있던 원기가 되살아난다. 도시에서 농촌으로 탈출한 기분이 오랜 심신의 때를 벗겨낸 것만큼 상쾌하다. 장엄하고도 너그러운 산세가 걸러주어 맑은 공기와 한가로이 노니는 새들 그리고 고요한 개울물 소리에 취하는 시골에서는 그 잠도 참 달다.

9명의 귀농·귀촌 생존기라는 『농사짓는 국제변호사』는 전 세대를 아우르는 귀농, 귀촌이 마치 생존을 위한 장엄한 행진처럼 느껴진다. 물론 그 대열에 나도 포함되어 있다고 볼 수 있다. 이 책은 의도했든 그렇지않든 농촌에 찾아와 각자의 비법으로 생업을 일군 사람들의 이야기이다. 여러 우여곡절 끝에 농촌에서 새롭게 삶의 기회를 마련한 사람들의 일상은 싱그럽고 여유로우며 에너지가 충만해 보인다.

이분들은 삶의 어느 고비에서 농촌을 선택지로 또는 염두에 두고 있는 사람에게 자신들의 생생한 경험을 보여주고, 각자의 형편에 따라 최적의 방법을 찾도록 귀띔해 주고 있다. 특히 작가 이수영 님의 자연과 인간을 향한 따뜻한 시선과 농촌에 대한 애정이 곳곳에 묻어나서 읽는 내내 훈훈했다.

대한민국은 도시에만 많은 기회가 집중되고 있으니 살기 위해 모여드는 사람들을 마냥 탓할 수는 없다. 그러나 인구밀도가 높을수록 긴장한 채 살피고 챙겨야 할 게 더 많고, 심리적인 공간도 비좁다. 본의 아니게 불필요한 체면치레와 경쟁 구도에 휘말리기도 한다.

한 번뿐인 소중한 인생을 과밀로 신음하는 수도권에서 뭔가에 쫓기고 짓눌리며 보낼 수는 없다. 이젠 동서남북 어디로든 떠나야 한다. 그곳에서 각자의 가용 공간과 운신 폭을 넓히고, 속도는 줄이고 느림의 미학을 만끽하면서 삶을 재구성해야 한다. 이를 위한 적절한 대안으로 귀농·귀촌이 떠오르는 것은 아주 자연스러운 현상이다.

『농사짓는 국제변호사』 책 첫 장을 펼치면 "어느 곳에서든 작물을 재배할 수 있는 자, 그곳을 정복했다고 할 수 있다."라는 글귀가 한눈에 꽂힌다. 바로 이거다. 농업은 온 우주의 생명 산업이고, 농작물은 자연이 성실하고 부지런한 자에게 마련해 주는 신비한 선물인 것이다.

농촌과 농업을 바라보며 새로운 꿈을 꾸는 사람들의 더 좋은 날을 응원하며. ☆

『농사짓는 국제변호사』

♣ 귀농·귀촌을 위한 나침반

나승일

현 서울대 산업인력개발학과 교수, 전 교육부 차관

✎ 귀농과 귀촌에 관한 관심이 전 세대에 걸쳐 확산되면서 새로운 삶의 방식을 모색하는 사람들이 늘고 있습니다. 그러나 이 변화의 길이 언제나 순탄한 것은 아닙니다. 『농사짓는 국제변호사』는 그 길을 걷고 있는 이들의 현실적인 이야기를 통해 귀농과 귀촌의 진짜 얼굴을 보여줍니다.

이 책은 9명의 귀농·귀촌자들이 겪은 다양한 경험을 바탕으로 예비 귀농자들이 마주할 수 있는 도전과 장애물을 사실적으로 그려냅니다. 저자 이수영은 20여 년의 경력과 농업 안전 재해 분야에서의 컨설팅 경험을 바탕으로, 각기 다른 직업과 배경을 가진 이들의 생존기를 생생하게 풀어냅니다. 또한 단순히 성공담에 그치지 않고, 실패의 가능성까지 염두에 두며 귀농을 계획하는 이들이 넘어서야 할 어려움과 해결책을 제시합니다.

책 속 인물들은 각기 다른 이유로 도시를 떠나 농촌으로 향한 사람들입니다. 그들의 이야기는 다채롭지만, 공통적으로 '자신만의 삶의 방식을 찾고자 하는' 강한 열망을 가지고 있습니다. 많은 시행착오를 겪으면서 농촌에서 살아남고 정착하는 과정을 생동감 있게 묘사합니다. 특히 국제변호사로서 농사를 시작한 이야기나 인도네시아 커피 농장에서 영감을 받고 일어난 30대 창업자의 이야기는 귀농을 단순한 농사짓기를 넘어서, 큰 도전으로 바라보게 합니다.

이 책은 '어떻게 귀농을 성공시킬 것인가?'라는 질문에 답하는 대신, 귀농 과정에서 직면할 수 있는 문제들을 어떻게 극복할 수 있는지에 초점을 맞춥니다. 사례마다 예비 귀농자들이 궁금해할 만한 실질적인 질문과 해답을 담은 Q&A 코너는 독자에게 실용적인 가이드를 제공합니다.

『농사짓는 국제변호사』는 귀농을 준비하는 이들에게 유용한 정보와 함께 도전적이고 희망적인 메시지를 전달합니다. 이 책은 단순한 '귀농 성공담'을 넘어서, 한 사람의 인생이 농촌이라는 새로운 환경에서 어떻게 성장하고 변해 가는지를 보여주는 중요한 지침서입니다. 귀농의 꿈을 꾸지만 두려움과 불안을 느끼는 이들에게 용기와 희망을 안겨줄 것입니다. 또한 귀농을 결심한 사람들뿐만 아니라 삶의 새로운 길을 찾고 있는 모든 이들에게 깊은 울림을 선사할 것입니다. ☆

집필 후기

✎ 불투명한 미래에 대한 불안감과 정체불명의 고민을 보듬고 지내던 대학 시절, 남다른 강의법과 날카롭고 예사롭지 않은 언어로 학생들의 관심을 끌었던 어느 전공 교수님은 내게 의미 있는 말씀을 던졌다.

"자네는 글을 쓰는 게 좋을 것 같아. 글을 쓰면 복잡한 머릿속이 정리될 테니까."

괴짜 교수의 칭찬인 듯 처방인 듯 묘한 멘트였지만, 저 양반 말씀대로 심상(心想)을 정돈하듯 때때로 글을 써야만 할 것 같았다.

난 인문학 전공자이지만 농업·농촌과 밀접한 배경을 가지고 있다. 농촌진흥청 연구직으로 근무하시고, 학생들에게도 농업을 가르치셨던 부친, 가장 행복했던 기억으로 떠올릴 수 있는 농촌에서의 분방한 어린 시절, 그리고 짧지 않은 기간 동안 농업인을 고객으로 하는 기관에서 일했으며, 지금은 농업 안전 재해 분야 컨설팅을 하고 있다.

『농사짓는 국제변호사』는 세 번째 책이다. 두 번의 책을 집필하는 동안, 역사와 철학 그리고 한학에 조예가 깊으신 부친은 내 책의 훌륭한 모니터 역할을 해주셨다. '수영'은 당신의 딸이 유익한 글을 쓰고 그것이 많이 읽히기를 바라는 마음으로 주신 필명이다. 아버지에 대한 그리움으로 내 이름에 외투 같은 필명을 입었다.

　이번에 쓴 『농사짓는 국제변호사』는 세 분의 전문가가 감수해 주셨다. 장황하고 허접한 초고(礎稿)를 인내력을 갖고서 꼼꼼히 검토하고 코멘트를 해주신 전 당진시농업기술센터 소장 류영환, 시인 이석구, 동양학박사 이화연 님에게 깊이 감사드린다.
　아울러 멋진 캐리커처로 책의 품격을 높여준 그래픽 디자이너이자 화가인 박현희 님의 기발한 솜씨와 노고에도 감명받았음을 밝힌다.
　또한 분에 넘치는 추천사를 써 주신 정무남 전 농촌진흥청장님, 나승일 서울대 산업인력개발학과 교수님께 감격을 넘어 경의를 표하고 싶다.

　그리고 부족한 원고에도 불구하고 용기를 내게 해주신 생각나눔 출판사 이기성 대표님께 감사드리고 이 책이 널리 사랑받음으로써 좋은 책을 만드느라 열성을 쏟으신 직원분들의 노고에 보답하고 싶다. ☆

농사짓는 국제변호사

펴 낸 날 2025년 3월 7일

지 은 이   이수영
펴 낸 이   이기성
기획편집   이지희, 서해주, 김정훈
표지디자인 이지희
책임마케팅 강보현, 이수영
펴 낸 곳   도서출판 생각나눔
출판등록   제 2018-000288호
주   소   경기도 고양시 덕양구 청초로 66, 덕은리버워크 B동 1708, 1709호
전   화   02-325-5100
팩   스   02-325-5101
홈페이지   www. 생각나눔.kr
이 메 일   bookmain@think-book.com

• 책값은 표지 뒷면에 표기되어 있습니다.
  ISBN   979-11-7048-850-7(03520)